DK 532.516

FORSCHUNGSBERICHTE
DES WIRTSCHAFTS- UND VERKEHRSMINISTERIUMS
NORDRHEIN-WESTFALEN

Herausgegeben von Staatssekretär Prof. Dr. h. c. Leo Brandt

Bericht Nr. 489

Dipl.-Math. Karlheinz Müller

Strenge Lösungen der Navier-Stokes-Gleichung für rotationssymmetrische Strömungen

Als Manuskript gedruckt

WESTDEUTSCHER VERLAG / KÖLN UND OPLADEN

1957

ISBN 978-3-663-06406-0 ISBN 978-3-663-07319-2 (eBook)
DOI 10.1007/978-3-663-07319-2

Dieser Forschungsbericht erscheint gleichzeitig als Bericht Nr. 47 der Deutschen Versuchsanstalt für Luftfahrt e.V. im Westdeutschen Verlag, Köln und Opladen

Gliederung

Dieser Bericht ist ein Auszug aus der von der Fakultät für Mathematik und Physik der Technischen Hochschule Darmstadt genehmigten Dissertation D 17 (1957). Wir danken der Deutschen Forschungsgemeinschaft für das Stipendium, mit dem sie diese Arbeit unterstützte und förderte

1. Einleitung

Diese Arbeit knüpft unmittelbar an den DVL-Bericht Nr. 10: "Die Strömung einer Quellstrecke im Halbraum" an und verallgemeinert zunächst die dort aufgezeichneten Ergebnisse auf beliebige Kreiskegeldüsen. Sie vertieft weiterhin jene Untersuchungen und bringt eine Reihe wichtiger und interessanter Ergänzungen und Erweiterungen.

Der physikalische Sachverhalt ist folgender: In einer homogenen, reibenden und inkompressiblen Flüssigkeit erzeugt ein gerader, einseitig ∞-langer Quell- bzw. Senkenfaden von räumlich und zeitlich konstanter Ergiebigkeit eine stationäre, rotationssymmetrische Strömung. Im Strömungsgebiet befindet sich eine Kreiskegelwand, die den Faden als Drehachse hat und so die Rotationssymmetrie nicht stört. Infolge der Zähigkeit haftet die Flüssigkeit an der Wand. Kegelöffnungswinkel, Zähigkeit und Ergiebigkeit des Quell- bzw. Senkenfadens sind keinerlei Einschränkungen unterworfen. Es gelingt für diesen Fall, die Navier-Stokes-Gleichung zu separieren. Es resultiert eine gewöhnliche nichtlineare Differentialgleichung 1. Ordnung (Riccati-Differentialgleichung), die wir exakt integrieren. Wir können also eine Strömung konstruieren, die an der Wand der Haftbedingung genügt und für großen Wandabstand asymptotisch in die Lösung der idealen Flüssigkeit übergeht. Sie ist affin, d.h. eine Punktstreckung von der Kegelspitze aus bildet ihre Stromlinien aufeinander ab.

Bereits die Diskussion der Riccati-Differentialgleichung führt auf die folgenden grundlegenden Unterschiede zwischen den Strömungen verschiedener Intensitäten: Während für Senkenfäden mit Ergiebigkeiten $\geqq 2\nu$ die Strömung mit Vorgabe der Senkenstärke und des Kegelöffnungswinkels eindeutig festliegt, bleibt bei Quellfäden beliebiger Ergiebigkeit und Senkenfäden mit solcher $< 2\nu$ in den Lösungen noch eine gewisse Vieldeutigkeit. Dies wirkt sich dahingehend aus, daß zusätzlich zur Quell-Senkenstärke die Steigung des Geschwindigkeitsprofils an der Wand vorgegeben werden kann. Wir haben dies bereits für den Sonderfall der ebenen Wand erkannt [1], und zeigen jetzt, daß dies unverändert für beliebige Kegelöffnungswinkel erhalten bleibt (s. Abschnitt 3).

Nach einer geeigneten Transformation der Riccati-Differentialgleichung sind Isoklinenbilder konstruierbar, die völlig aus der Abhängigkeit von

Kegelöffnungswinkel und kinematischer Zähigkeit gelöst sind und zusätzlich auch noch für verschiedene Quellstärken unverändert benutzt werden können. Damit ist ein rasch arbeitendes graphisches Verfahren gegeben, mit dem man sich bereits einen guten Überblick über die gesuchte Strömung bei vorgegebenen Randbedingungen verschaffen kann (Abschnitt 4).

Wichtige Beziehungen für die Quellstärkenparameter folgen aus der Diskussion der Lösungskurven anhand des Isoklinenbildes (Abschnitt 5). Es zeigt sich, daß man den Anstieg des Grenzschichtprofils für die Ergiebigkeit $< 2\nu$ zwar beliebig, aber nur in gewissen wohldefinierten Grenzen beliebig variieren darf. Dies war bereits als Vermutung in [1] ausgesprochen worden, wird jetzt aber bestätigt und für beliebige Kreiskegeldüsen bewiesen. Die auftretenden Grenzen für den Anstieg können wir genau angeben.

Geht der Wandanstieg des Tangentialgeschwindigkeitsprofils über den der Flächennormale hinaus, dann tritt Rückströmung ein. Diese Rückströmung kann nun durch Verändern des Anstiegs bis zu einer größtmöglichen verstärkt werden. Ein Überschreiten dieser letzten noch zulässigen Steigung führt zu Strömungen, die nicht mehr den von uns gestellten physikalischen Forderungen genügen.

In Abschnitt 6 werden die verschiedenen, für uns in Frage kommenden Strömungen auf ihr Verhalten im gesamten Strömungsgebiet untersucht und die dazugehörigen Stromlinien und Geschwindigkeitsverteilungen im Bild dargestellt.

Die Grenzschichtprofile der strengen Lösungen zeigen einen Verlauf, der zum Teil von dem in der Grenzschichttheorie angenommenen stark abweicht: Es treten im Übergangsgebiet zwischen Grenzschicht und freier Außenströmung Geschwindigkeiten auf, die größer sind als die der Außenströmung.

Als Spezialfall unserer strengen Lösungen finden die sogenannten "Strahlströmungen" besondere Beachtung. Das sind solche Strömungen, bei denen die Ergiebigkeit des Fadens null ist. Die einfachste von ihnen wurde andererorts [4] bis [7] bereits näherungsweise bearbeitet und findet sich dort unter der Bezeichnung "Der runde Strahl": Aus einem kleinen kreisförmigen Loch in einer ebenen Wand strömt reibende Flüssigkeit. Der Strahl reißt das umgebende Medium mit. Wir können für diese Strömung, die in [1] nicht erwähnt wurde, bei jeglichem Kegelöffnungswinkel die Bewegungsgleichung exakt integrieren.

Weiterhin wird noch das dem Strahl korrespondierende Problem der Absaugung durch eine kleine Öffnung an der Kegelspitze untersucht. Das physikalische Experiment zeigt, daß bei diesem Absaugen - wegen der Reibung - mehr Flüssigkeit auf das Loch zu beschleunigt wird, als hindurchtreten kann. Der überschüssige Anteil strömt seitwärts ab. Auch diese Strömung erfassen wir durch eine Lösung, bei der Zähigkeit, Öffnungswinkel und die Geschwindigkeit auf der Kegelachse frei bleiben. Unsere Darstellungen gehen insofern über die bisherigen hinaus, als sie einmal den runden Strahl im gesamten Strömungsgebiet genau beschreiben und zum andern, als wir mit ihnen in der Lage sind, das Absaugen wiederzugeben, was u.W. bisher nirgendwo geschah.

Die folgenden strengen Lösungen lassen sich im wesentlichen durch einen Quotienten aus hypergeometrischen Funktionen darstellen und vom Strömungsgebiet über die Wand hinaus in den anderen, vom Kegel abgetrennten Raumteil fortsetzen. Sie beschreiben dort ebenfalls physikalisch sinnvolle Strömungen, die gegebenenfalls auch durch einen Quell-Senkenfaden erzeugt sein können. So erfaßt meist schon eine einzige dieser strengen Lösungen zugleich zwei im allgemeinen voneinander verschiedene Quell-Senkenströmungen (Abschnitt 7 und 8).

Für sehr viele, relativ dicht beieinanderliegende und gleichmäßig über das kontinuierliche Intensitätsspektrum verteilte Quell-Senkenstärken brechen die Reihen in den Integralen der Differentialgleichung ab. Wir erhalten entweder "Jacobi-Polynome" oder eine Art verallgemeinerter hypergeometrischer Polynome. Die Haftlösungen werden also zu rationalen Funktionen ("Polynomlösungen") und lassen sich in geschlossener und sehr einfacher Form angeben (Abschnitt 9 und 12).

Die Ermittlung geeigneter Intensitäten, die zu rationalen Haftlösungen führen, stellt eine Eigenwertaufgabe dar und geschieht über die Haftbedingung nach einem schnell arbeitenden Verfahren, das im wesentlichen auf das Lösen einer algebraischen Gleichung hinausläuft. Die in [1] ausgesprochene Vermutung, daß die betragsmäßig kleinste Wurzel dieser Gleichung stets eine Ergiebigkeit $\geqq 2\nu$ liefert, wird bestätigt und für beliebige Öffnungswinkel bewiesen (Abschnitt 1o).

Man kann, verzichtet man zunächst auf das Erfülltsein der Haftbedingung, praktisch zu jeder Ergiebigkeit eine rationale Lösung angeben. Eine einfache Quadratur führt von diesem Partikularintegral zum vollständigen Integral der Riccati-Differentialgleichung, das dann auch die zur vorgegebenen Intensität gehörende Haftlösung umfaßt und in geschlossener Form darstellt.

Unsere Untersuchungen erbrachten, daß die Ergiebigkeit stets proportional zum Polynomgrad N der Jacobi-Polynome anwächst. Also ist eine asymptotische Entwicklung der Lösungen für große N zugleich auch eine solche für große Quellstärken. Macht man sich dies zunutze, dann ist schließlich bei all unseren Lösungen der Übergang zur "Grenzschichtlösung" (große Reynolds-Zahlen) verhältnismäßig leicht durchführbar. Diese Vorgehensweise erlaubt uns, für diesen asymptotischen Fall den Grad der Annäherung an die Wirklichkeit zu überprüfen (Abschnitt 11).

Alle in dieser Arbeit aufgezeichneten Ergebnisse können ohne weiteres eine Verallgemeinerung erfahren, derart, daß anstelle des Quell-Senkenfadens ein Quell-Senkenkegel tritt, d.h. von einem zur Wand koaxialen Kegel dem Strömungsgebiet Flüssigkeit zu- bzw. abgeführt wird (Abschnitt 12).

2. Differentialgleichung und Randbedingungen

Der geometrischen Anordnung sind die räumlichen Polarkoordinaten $R; \vartheta; \varphi$ gemäß, wenn zusammenfallen:

Bezugspunkt $R = 0$ und Kegelspitze,
Bezugsachse $\vartheta = 0$ und Kegelachse.

Der Kegelmantel ist dann festgelegt durch $\vartheta = \vartheta_0 = \text{const.}$

Als Ausgangspunkt dieser Untersuchungen dient die Navier-Stokes-Differentialgleichung. Ihre Lösungsmannigfaltigkeit wird durch die Forderungen eingeengt:

a) Stationarität
b) Drehsymmetrie
c) Inkompressibilität, konst.kinem.Zähigkeit ν
d) Quellenfreiheit in $0 < \vartheta < \pi$
e) Haften $\mathfrak{w}(R; \vartheta_0; \varphi) = 0$
f) $\lim\limits_{\nu \to 0} \mathfrak{w} = \mathfrak{w}_{ideal}$

Mit dem Ansatz für die Stokessche Stromfunktion:

$$\psi = R \cdot \phi(\vartheta) \tag{1}$$

lassen sich die oben genannten Forderungen erfüllen und die Bewegungsgleichungen separieren ([1], S. 6) [1]).

Demnach haben alle Stromlinien die Gleichung:

$$(2) \qquad R = \frac{\text{const}}{\phi(\vartheta)}$$

Die in Frage kommenden Strömungen sind also affin, d.h. die Stromlinien gehen durch eine Punktstreckung vom Zentrum R = 0 aus ineinander über.

Ob es neben den mit dem Produktansatz Gleichung (1) konstruierten Integralen der Navier-Stokes-Differentialgleichung weitere physikalisch sinnvolle Lösungen zur genannten Problemstellung gibt, zu deren Ermittlung ein anderer Ansatz vonnöten ist, bleibt offen. Doch ist dies nach Überlegungen von GOLDSTEIN [2] und MANGLER [3] äußerst unwahrscheinlich. Der Rahmen dieser Arbeit umspannt alle Lösungen, die eine Aufspaltung der Stromfunktion nach Gleichung (1) erlauben.

Das Ergebnis der Separation ist eine Differentialgleichung von RICCATI:

$$(3) \qquad \tfrac{1}{2}\phi^2 = \nu\left[2x\phi + (1-x^2)\phi'\right] + C_1 x^2 + C_2 x + C_3$$

wobei $x = \cos\vartheta$ ([1], Gl.5)[1]). Die Integrationskonstanten C_1; C_2; C_3 gilt es nun gemäß den physikalischen Bedingungen festzulegen.

Von all den Integralkurven aus der fünfparametrigen Lösungsschar $\phi = \phi(x;\nu;C_1;C_2;C_3;C)$ der Riccati-Differentialgleichung interessieren uns nur diejenigen, die an der Kegelwand $\vartheta = \vartheta_0$ bzw. $x = x_0$ samt ihrer ersten Ableitung verschwinden, da

$$(4) \qquad v_R = -\frac{\phi'(x)}{R}; \qquad v_\vartheta = -\frac{\phi(x)}{R\sqrt{1-x^2}}$$

Dies hat zur Folge: $C_1 x_0^2 + C_2 x_0 + C_3 = 0$.

Die Lösungen mit

$$\tfrac{1}{2}\phi^2(x_0) = \nu\left[2x_0\,\phi(x_0) + (1-x_0^2)\,\phi'(x_0)\right]$$

scheiden aus, wenn wir ausdrücklich verlangen:

Erfülltsein der "Haftbedingung": $\phi(x_0) = 0$.

---

1. Vergleiche [1], Seite 6 bzw. vergleiche [1], Gleichung (5)

Wir normieren die Stromfunktion mit:

(5) $$\psi(x = 1) = 2\nu q \cdot R$$

Die dimensionslose, reelle Größe q, der "Quellstärkenparameter", mißt so die Intensität des Fadens ([1] S.6). Sein Vorzeichen entscheidet:

(6) $$q \lessgtr 0 \quad \begin{matrix}\text{Quellen}\\ \text{Senken}\end{matrix}\text{-Belegung auf} \quad x = +1 .$$

Obwohl nun alle zur Verfügung stehenden Randbedingungen berücksichtigt sind, herrscht bei den Lösungen $\phi(x)$ noch eine gewisse Vieldeutigkeit; eine der Integrationskonstanten bleibt nämlich frei. Die Ursache der Vieldeutigkeit liegt darin, daß bei der Festlegung der Integrationskonstanten die Geschwindigkeit am Quell-Senkenfaden nur insoweit herangezogen wird, als v_ϑ dort divergiert wie $(R \sin\vartheta)^{-1}$ und $v_R(1)$ nur endlich verlangt werden kann.

Wir können also zusätzlich noch den Anstieg des Grenzschichtprofils an der Kegelwand vorschreiben. Die Vieldeutigkeit läßt sich auch durch geeignete Wahl von $v_R(1)$ oder durch eine ergänzende Angabe von $\mathbf{w} = \mathbf{w}(R;\vartheta_1)$ beseitigen, wobei $\vartheta_1 \neq \vartheta_0$ den Öffnungswinkel eines Kreiskegels um die Achse $\vartheta = 0$ darstellt.

$\phi_0'' \equiv \phi''(x_0)$ mißt im wesentlichen den Profilanstieg an der Wand. Damit erhalten wir:

(7)
$$C_1 = 2\nu^2 \left[\frac{q(q-2)}{(1-x_0)^2} + \frac{1+x_0}{2\nu}\,\phi_0'' \right]$$
$$C_2 = -\,2\nu^2 \left[2x_0\,\frac{q(q-2)}{(1-x_0)^2} + \frac{(1+x_0)^2}{2\nu}\,\phi_0'' \right]$$

Um einer Symmetrie in Differentialgleichung (3) willen denken wir uns den Strahl $\vartheta = \pi$ mit Quellen bzw. Senken konstanter Ergiebigkeit p belegt, statt wie bisher den Strahl $\vartheta = 0$. Damit wird

$$C_1(x_0;\nu;\,p;\,\phi_0'') \qquad C_2(x_0;\nu;\,p;\,\phi_0'') .$$

$\phi''(x)$ geht stetig durch $x = x_0$ hindurch, da an dieser Stelle die Lösungen $\phi(x)$ völlig regulär sind. Demzufolge können wir nach einer Beziehung suchen, die es gestattet, die Differentialgleichung (3) so anzuschreiben, daß sie zugleich beide Fälle umfaßt.

Die Kopplungsgleichung folgt zu:

(8) $$\frac{p(p-2)}{(1+x_o)^2} - \frac{q(q-2)}{(1-x_o)^2} = \frac{\phi_o''}{\nu}$$

Unter Verwendung dieser Relation eliminieren wir ϕ_o'' aus C_1; C_2. Die Riccati-Differentialgleichung lautet danach:

(9) $$\frac{1}{2}\phi^2 = \nu\left[2x\phi + (1-x^2)\phi'\right] + \nu^2\left[\frac{q(q-2)}{1-x_o} + \frac{p(p-2)}{1+x_o}\right](x^2-x_o^2) + \nu^2\left[q(q-2)-p(p-2)\right](x-x_o)$$

Wir beachten dabei, wenn gefordert ist:

$x = +1$; $\phi = 2\nu q$: p ist ein noch frei wählbarer Parameter

$x = -1$; $\phi = -2\nu p$: q ist ein noch frei wählbarer Parameter

Für beide Fälle muß die Einschränkung $\left(\frac{p-1}{q-1}\right)^2$ = reell eingehalten werden (vgl. Abschnitt 8).

3. Singularitäten der Differentialgleichung

Unser Interesse gilt zunächst den aus der nun abgeleiteten Differentialgleichung (9) unmittelbar ablesbaren Eigenschaften der Lösungen. Wir beginnen mit der Untersuchung der singulären Punkte.

Sie liegen bei:

$$x = +1\ ;\quad \phi = \begin{matrix} 2\nu q \\ 2\nu(2-q) \end{matrix} \qquad\qquad x = -1\ ;\quad \phi = \begin{matrix} -2\nu p \\ -2\nu(2-p) \end{matrix}$$

da die Differentialgleichung symmetrisch ist in $q \longleftrightarrow 2-q$; $p \longleftrightarrow 2-p$.

Der vereinfachten Betrachtung wegen wird jeder dieser Punkte durch eine geeignete Transformation in den Nullpunkt eines $(z; \zeta)$-Systems abgebildet. Wir eliminieren mit dem Ansatz:

(1o) $$\phi = 2\nu \cdot \varphi(x)$$

und den Abkürzungen:

(11) $$a \equiv \frac{C_1}{2\nu^2} \qquad b \equiv \frac{C_2}{2\nu^2} \qquad c \equiv \frac{C_3}{2\nu^2}$$

den Zähigkeitsfaktor ν aus der Differentialgleichung (9):

(12) $$\varphi^2 = 2x\varphi + (1-x^2)\varphi' + a(x^2-x_o^2) + b(x-x_o)$$

Für $x = \pm 1$ leistet die Transformation:

$$2z = 1-x \;; \qquad \zeta = \varphi - x \mp (q-1)$$
$$2z = 1+x \;; \qquad \zeta = \varphi - x \pm (p-1)$$

die gewünschte Abbildung. Führen wir die abkürzenden Konstanten α ; β ein, so ist die umgeformte Differentialgleichung:

$$\frac{d\zeta}{dz} = \frac{\alpha z + \beta \zeta + f(z;\zeta)}{2z - z^2}$$

für alle vier singulären Punkte die gleiche, verschieden sind nur α ; β und die Funktion $f(z;\zeta)$ dem Vorzeichen nach in den verschiedenen Fällen. Die Funktion $f(z;\zeta)$ ist in $z;\zeta$ von 2.Ordnung, so daß der Charakter dieser Punkte bereits durch die sich dort gleichverhaltende Differentialgleichung:

$$\frac{d\zeta}{dz} = \frac{\alpha z + \beta \zeta}{2z}$$

festgelegt werden kann.
Ihre Lösungskurven haben in der Nähe des Nullpunktes den Verlauf:

$$\text{(13)} \qquad \begin{aligned} \zeta &= \frac{\alpha}{2-\beta} z + C \cdot z^{\beta/2} && \beta \neq 2 \\ \zeta &= \frac{\alpha}{2} (\ln z + C) \cdot z && \beta = 2 \end{aligned}$$

Das bedeutet, wenn

$$\beta \gtrless 0 \quad \text{einen} \ {}^{\text{Knoten}}_{\text{Sattel}}\text{-Punkt für } \zeta = \zeta(z) \quad \text{bei} \quad z = \zeta = 0, \text{ oder}$$

mit unseren Quellstärkenparametern p;q geschrieben:

$$\text{(14)} \qquad \begin{aligned} x = +1;\ \phi &= 2\nu q && \text{ist bei } q \lessgtr 1 \ {}^{\text{Knoten}}_{\text{Sattel}}\text{-Punkt} \\ & \ 2\nu(2-q) && \text{ist bei } q \lessgtr 1 \ {}^{\text{Sattel}}_{\text{Knoten}}\text{-Punkt} \\ x = -1;\ \phi &= -2\nu p && \text{ist bei } p \lessgtr 1 \ {}^{\text{Knoten}}_{\text{Sattel}}\text{-Punkt} \\ & \ -2\nu(2-p) && \text{ist bei } p \lessgtr 1 \ {}^{\text{Sattel}}_{\text{Knoten}}\text{-Punkt} \end{aligned}$$

Durch die Sattelpunkte geht jeweils nur eine brauchbare Lösung.

Ist $q = 1$, so haben die Stromlinien auf dem Achsenpunkt $x = 1$; $R = \frac{C}{2\nu}$ eine Spitze, da nun auch $v_R(1)$ divergiert, noch stärker als $v_\vartheta(1)$. Eine Lösung mit $q = 1$ ist zwar formal noch möglich, aber physikalisch nicht mehr realisierbar, es sei denn, man saugt statt vom Strahl $x = 1$ von einem Kreiskegel um $x = 1$ gleichmäßig stark ab, ohne dabei die Differentialgleichung (9) zu ändern (vgl. Abschnitt 12c). Das Ergebnis dieses Abschnitts wird an späterer Stelle physikalisch interpretiert.

4. Isoklinenbild

Einen guten Überblick über die Strömungen verschaffen wir uns, wenn wir die Riccati-Differentialgleichung (9) graphisch integrieren. Das Isoklinenbild besteht aus Kegelschnitten. Leider haben sie in der Form Gleichung (9) die unerfreuliche Eigenschaft, sich mit p; q; ν; x_0 zu ändern. So verlangt z.B. schon ein anderer Kegelöffnungswinkel ein neues Isoklinenbild. Man möchte also die Isoklinen weitgehend von diesen Parametern lösen. Dazu formen wir die Differentialgleichung etwas um. Diese Größen treten danach hauptsächlich im Polstrahlsystem auf. Es ist uns damit möglich, einmal eine ganze Schar gesuchter Lösungen mit einem einzigen Isoklinenbild zu fixieren und zum andern, eine funktionale Abhängigkeit der Lösungen von den einzelnen Parametern zu erkennen.

Wir eliminieren mit $\phi = 2\nu(\eta + x)$ den Zähigkeitsfaktor ν aus Gleichung (9) und erhalten:

$$\eta^2 = (1-x^2)(\eta' - a) - b(1-x) + (q-1)^2$$

Um diese Differentialgleichung von q zu befreien, setzen wir:

$$(15) \qquad b = -2\alpha(q-1)^2 \qquad \eta = (q-1)y$$

α ist dabei eine noch zu bestimmende Konstante.
Die Differentialgleichung hat jetzt das Aussehen:

$$(q-1)^2\left\{y^2 + 2\alpha x - 2\alpha - 1\right\} = (1-x^2)\left\{(q-1)\,y' - a\right\}$$

Mit dem Polstrahlsystem

$$(16) \qquad y_0' = C(q-1) + \frac{a}{q-1}$$

und C als Scharparameter der Lösungskurven folgt die Gleichung der Isoklinen zu:

$$(17) \qquad Cx^2 + 2\alpha x + y^2 = 1 + 2\alpha + C\,.$$

Das sind Kegelschnitte, die symmetrisch zur x-Achse liegen. Wir unterscheiden dabei:

$C > 0$	Ellipsen		
$C = 1$	Kreis		
$C = 0$	Parabel		
$C < 0$	Hyperbeln	$(\alpha + C)^2 > \lvert C\rvert$	
		$(\alpha + C)^2 = -C$	Geradenpaar
		$(\alpha + C)^2 < \lvert C\rvert$	

Diese Isoklinen bleiben, bei einmal gewähltem α, unverändert für alle Parameter ν; p; q; x_0, die der aus der Definition von b folgenden Kopplungsgleichung genügen:

(18) $$1 + 4\alpha = \left(\frac{p - 1}{q - 1}\right)^2$$

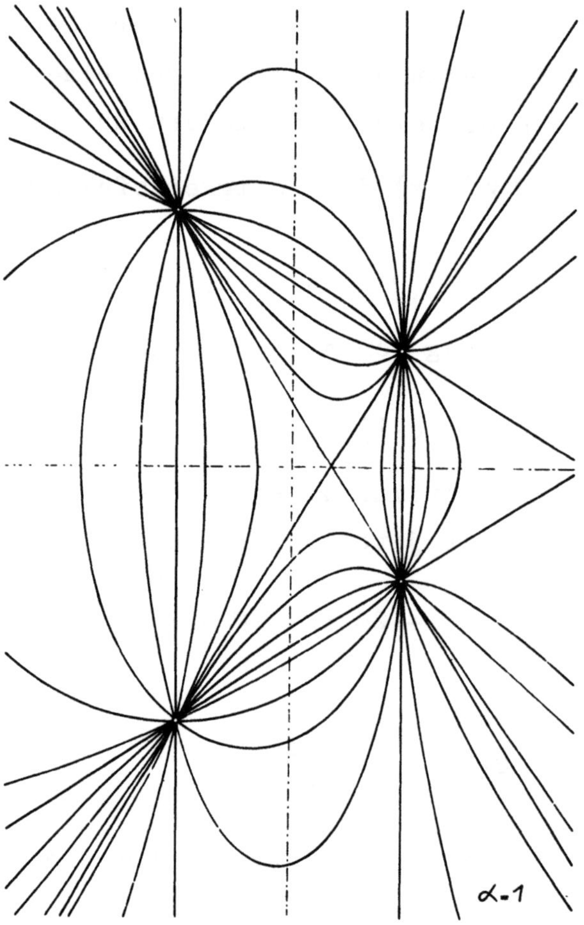

Abbildung 1

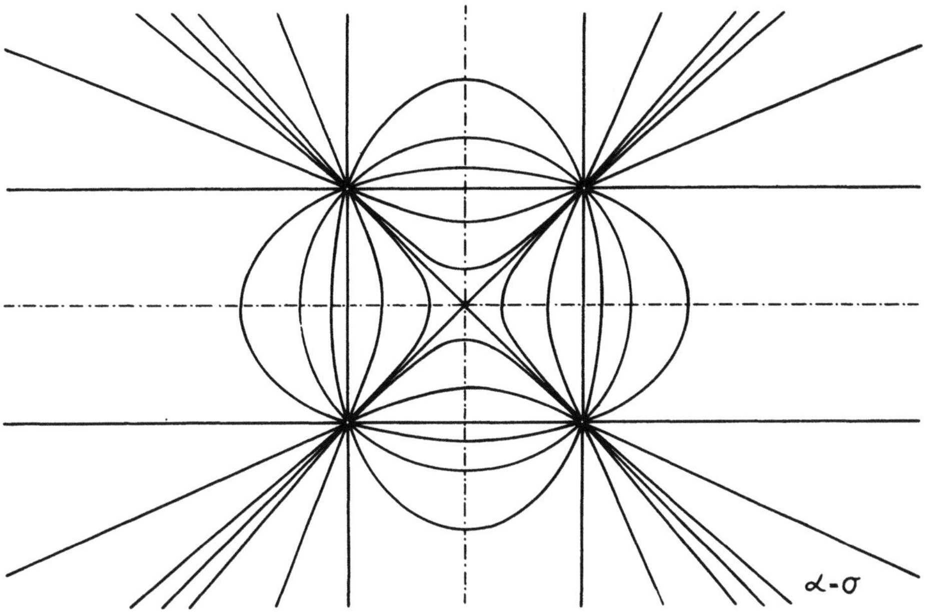

A b b i l d u n g 2

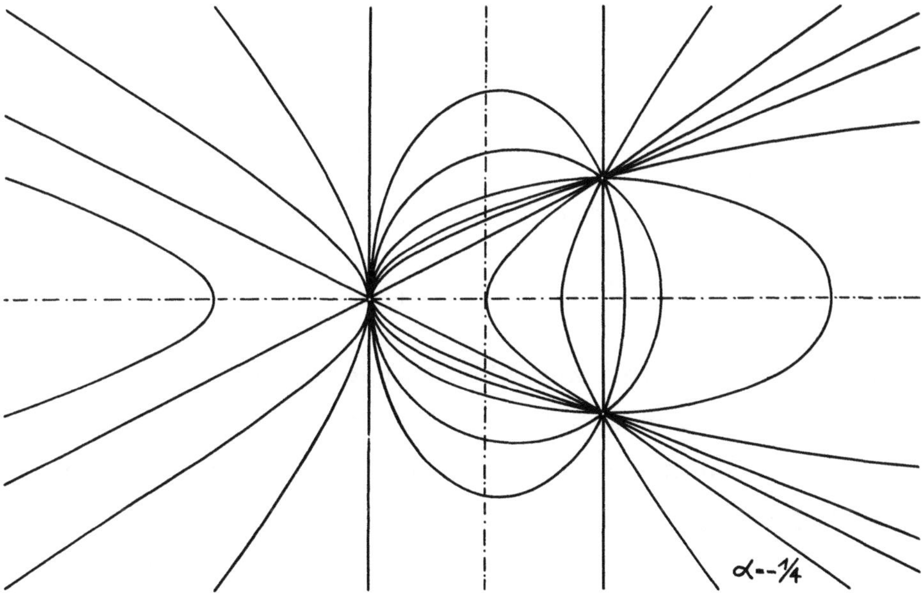

A b b i l d u n g 3

Es ist also jeweils nur ein neues Polstrahlsystem zu zeichnen für einen neuen Parameterwert.
Eine analoge Betrachtung gilt für: $b = -2\alpha(p - 1)^2$.

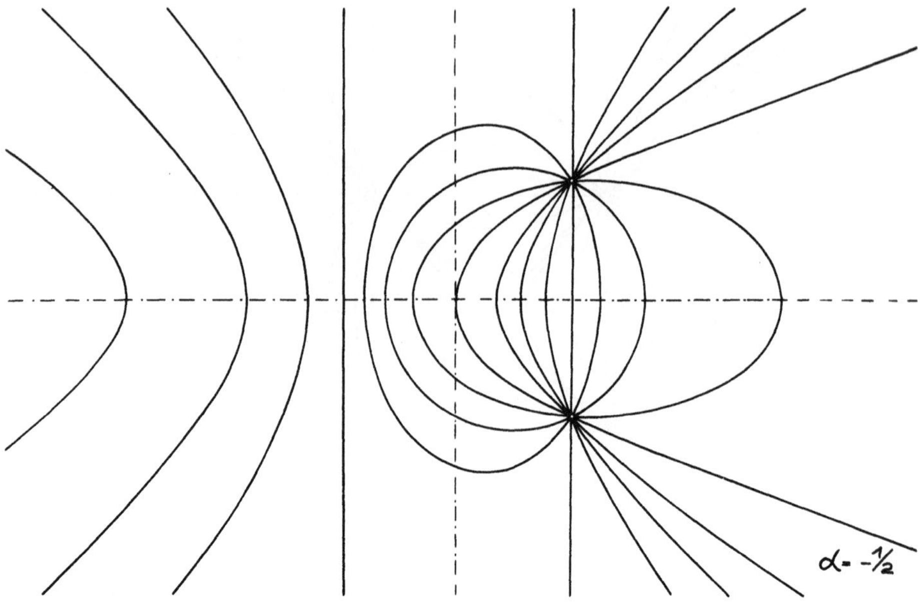

Abbildung 4

Diese Umformung legt die beiden rechten Singularitäten fest, die beiden linken ändern ihren Ordinatenwert mit α.

In den vorstehenden Abbildungen (1 - 4) wurde α variiert.

5. Diskussion der Lösungskurven

Das Strömungsgebiet wird durch die Transformation:

$$\frac{1}{2\nu}\phi = (q-1)\,y + x \qquad (19)$$

auf den Streifen $x_o \leq x \leq 1$ der x-y-Ebene abgebildet. Der Ausgangspunkt einer graphischen Integration mit Hilfe der Isoklinen wird durch die Haftbedingung nach dem Punkte P_o gelegt. Dort beginnen die Lösungskurven mit der Anfangssteigung y'_{oo}

$$P_o\left(x_o;\ \frac{x_o}{1-q}\right) \qquad y'_{oo} = \frac{1}{1-q}$$

Sie treffen die Isoklinen C_i unter der Steigung, wie sie das Polstrahlsystem vorschreibt. Die so konstruierten Integralkurven münden entweder in die Punkte $P_1(+1;\ +1)$, $P_2(+1;\ -1)$ oder gehen mit $x = 1$ als Asymptote ins Unendliche weg. Von diesen beiden Punkten ist der eine ein Sattel-, der andere ein Knotenpunkt, je nach Wahl von q. Entsprechend verhält es sich mit den Punkten $P_3(-1; +1)$ und $P_4(-1; -1)$. Uns interessiert nur die Menge der Lösungen, die nach P_1 verläuft, denn nur sie erfüllt die Randbedingungen $\Phi = 2\nu q$, alle andern aber nicht.

Vertauscht man nun $q \longleftrightarrow 2-q$, dann geht $y_0' \longleftrightarrow -y_0'$ über. Aus der Schar der Integralkurven wird dadurch ihr Spiegelbild bezüglich der x-Achse.

Man braucht also nur für q-Werte bis $q = +1$ zu integrieren, die restlichen Kurven der Schar bringt die Spiegelung.

Bei all diesen so gefundenen Lösungen muß es offenbar eine Integralkurve geben, die alle vom Punkte P_0 ausgehenden Lösungen zerlegt in solche, die bei $x = 1$ konvergieren oder divergieren. Sie erhält von uns den Namen "Grenzkurve"; der ihr zugehörige Parameterwert ist $q = \bar{q}$ (entsprechend für $x = -1$; $p = \bar{p}$).

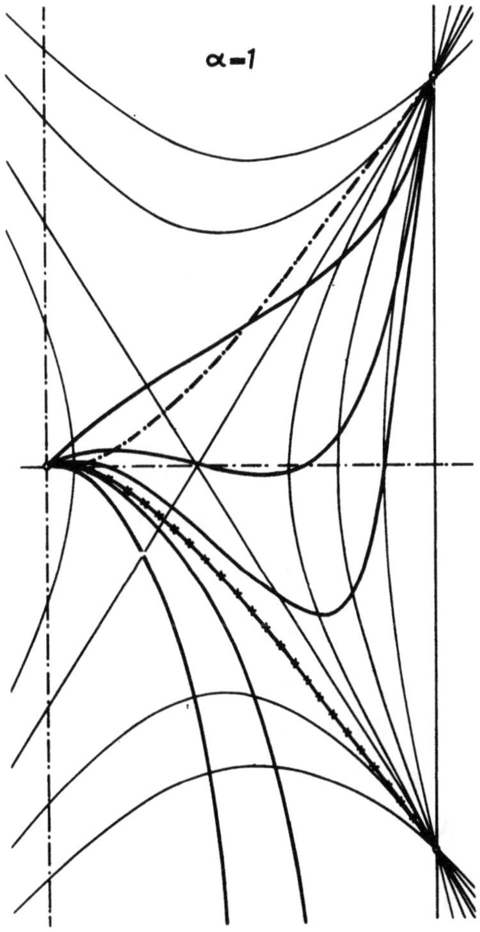

A b b i l d u n g 5

Ohne Beschränkung der Allgemeingültigkeit dieser Betrachtungen nehmen wir in P_1 einen Knotenpunkt an, d.h. $q < 1$. Für die Grenzkurve gilt dann: $q = \bar{q} < 1$. Sie geht durch den Sattelpunkt P_2.

Alle Integralkurven mit $q \leqq \bar{q}$ erfüllen nicht mehr die Randbedingung $\phi = 2\nu q$.

Die Parameterwerte q unterliegen also der Einschränkung: $q > \bar{q}$

Für $q > 1$ erhalten wir die gespiegelte Schar. P_2 ist jetzt Knoten- und P_1 Sattelpunkt. Unter dieser Schar gibt es also nur eine Lösung, die der Randbedingung genügt, wir nennen sie "Eigenlösung". Ihr Parameterwert ist $q = q_e > 1$.

Aus der Spiegelungsrelation folgt:

(2o) $$q_e = 2 - \bar{q}$$

Grenzkurve und Eigenlösung legen einander wechselseitig fest.

Für verschiedene α und x_o-Werte lassen sich verschiedene Grenzkurven finden. Es gilt $\bar{q} = \bar{q}(\alpha; x_o)$.

6. Strömungen

Bei den durch einen Quell-Senkenfaden erzeugten Strömungen treten gravierende Unterschiede ein, wenn die Ergiebigkeit verändert wird. Dies ergab bereits die Diskussion der Riccati-Differentialgleichung. Der Parameterwert q = 1 beschreibt eine Art "kritische Intensität"; er bildet innerhalb der Lösungsschar $\phi(x)$ eine trennende Grenze. Es empfiehlt sich, nach den Ergebnissen der vorangehenden Abschnitte die folgende Einteilung vorzunehmen:

"überkritische Senkenströmung"	$1 < q < \infty$
"kritische Senkenströmung"	$\mathfrak{Re}\{q\} = 1$
"unterkritische Senkenströmung"	$0 < q < 1$
"Strahlströmung"	$q = 0$
"Quellströmung"	$-\infty < q < 0$

Um zu einer ausreichenden Vorstellung über Stromlinienverlauf und Geschwindigkeitsverteilung zu gelangen, genügt es, aus der Schar der ∞-vielen Lösungen einzelne, charakteristische herauszugreifen und physikalisch zu interpretieren. Soweit es möglich ist, entnehmen wir sie der Schar der Polynomlösungen (Abschnitt 9), weil Polynome numerisch gut zu bearbeiten sind. Ergänzende Fälle finden wir durch numerische und graphische Integration der Riccati-Differentialgleichung.

a) Überkritische Senkenströmung

Parameterwerte $q > 1$ schränken gemäß Gleichung (14) die Anzahl der Haftlösungen der Riccati-Differentialgleichung ein, weil hierbei einer der Parameter der Lösungsschar $\phi(x)$ nicht mehr verfügbar ist. Bei festgelegter Absaugeintensität $q > 1$ des Fadens $x = 1$ bewegt sich die zum Senkenfaden beschleunigte Flüssigkeit auf eine durch q eindeutig festgelegte Weise. Die Stromlinien und die Form des Grenzschichtprofils ist einzig und allein eine Funktion von q und x_o. Verschiedene, dies illustrierende Beispiele für den Sonderfall $x_o = 0$ finden sich in [1].

Um einen Einblick zu gewinnen, wie die Strömung beim Übergang von der ebenen auf eine keglige Wand abgeändert wird, greifen wir aus der Schar der Senkenströmungen eine heraus und bilden ihre Stromlinien und Radialgeschwindigkeiten v_R ab, wie sie über die Kegelöffnung verteilt sind; zugleich ist in der Abbildung 6 noch der Strömungsverlauf für den Kegelaußenraum, $x > x_o$ angedeutet. Diese Strömung ist auch physikalisch sinnvoll, da sich die Lösung $\phi(x)$ aus dem Innenraum in den Außenraum

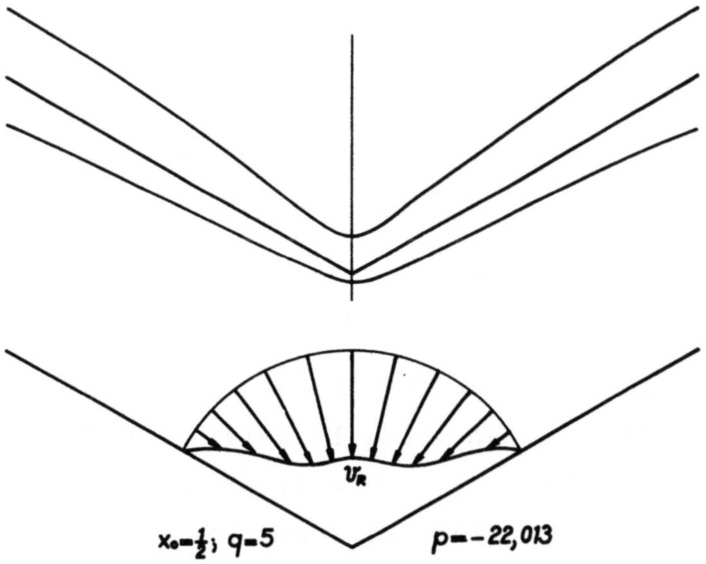

A b b i l d u n g 6

fortsetzen läßt und dort ebenfalls eine am Kegel haftende Strömung beschreibt; diesmal aber eine Quellströmung. Auf die Darstellung der v_ϑ -Komponente verzichten wir hier.

b) Quellströmung

Bei einer Quellbelegung der Achse x = 1 tritt im Gegensatz zur überkritischen Senkenbelegung eine gewisse Vieldeutigkeit in den Lösungen ϕ (x) auf. Die zugehörige Strömung ist nicht mehr durch die Intensität q und den Öffnungswinkel x_o allein eindeutig festzulegen. Es sind vielmehr, hat man die Größen q und x_o fixiert, immer noch ∞-viele voneinander abweichende Strömungen möglich. Auf die formale Ursache dieser Unbestimmtheit wurde bereits hingewiesen: $v_R(1)$ ist nicht bekannt. Im Experiment ist natürlich eine Eindeutigkeit gewährleistet, weil hier $v_R(1)$ durch die Art des Einströmens in den Quellfaden vorgegeben ist.

Anstelle dieser Geschwindigkeitskomponenten ziehen wir den Anstieg des Grenzschichtprofils an der Wand heran: ϕ''_o. Er läßt ein weit übersichtlicheres Bild zu als $v_R(1)$. Ist nun dieser Anstieg in seinem noch anzugebenden Wertebereich zusätzlich vorgeschrieben, dann ist die Strömung fest bestimmt.

Eine von der in Abbildung 6 dargestellten Strömung stark abweichende ist die sogenannte "Rückströmung", d.h. die Flüssigkeit bewegt sich in Wandnähe in einer der Außenströmung entgegengesetzten Richtung.

Eine geeignete Abstimmung der Parameter läßt Größe und Lage der Rückströmung verändern.
In der nun folgenden Abbildung 7 ($x_o = \frac{1}{2}$) wird die Rückströmung durch Erhöhung der Intensität p aus dem Außenraum in das Kegelinnere verdrängt. Die Stromlinien haben jetzt im Gegensatz zu den vorigen Strömungen Asymptoten.

Abbildung 8 zeigt die Geschwindigkeitsverteilung über den Kegelbereich; dabei sind die v_ϑ-Komponenten um $9o^o$ gegen ihren eigentlichen Verlauf gedreht.

Der 5.Abschnitt kündigte eine weitere Eigenart der Quellströmungen an, die nun physikalisch erklärt werden soll. Es zeigt sich dort, daß der Anstieg des Grenzschichtprofils für $q \angle 1$ zwar willkürlich geändert werden darf, aber dies nur bis zu einer wohldefinierten Grenze, die zu überschreiten ein Verstoß gegen die Randbedingungen bedeutet, oder letztlich eine Strömung, die durch unsere Differentialgleichung (9) nicht mehr erfaßbar ist.

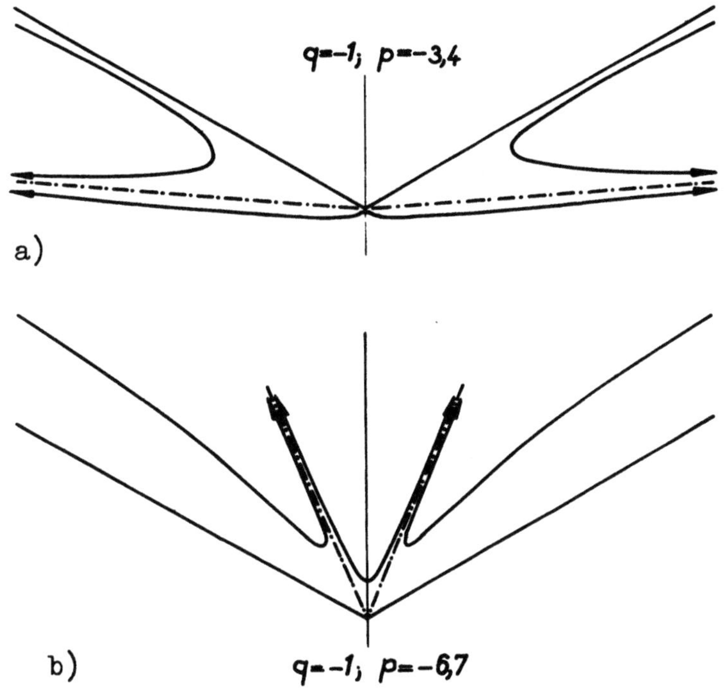

A b b i l d u n g 7 a und b

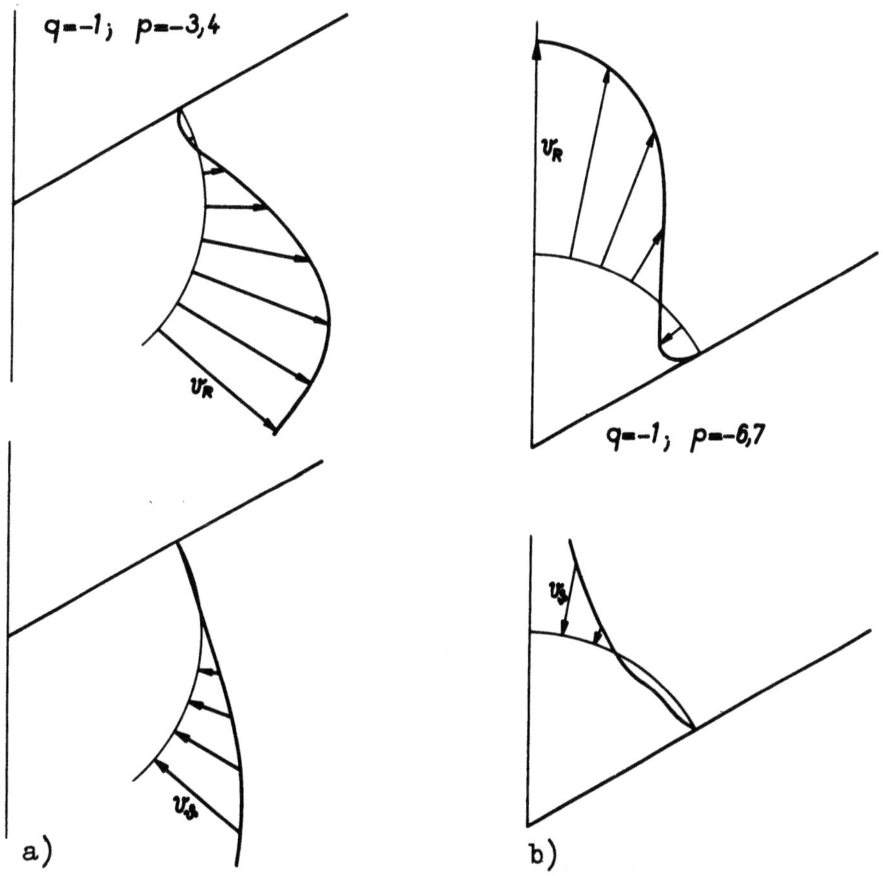

A b b i l d u n g 8 a und b

Die anschließende Diskussion wird wegen der Übersichtlichkeit am Sonderfall $x_o = o$ dargestellt und von da ausgehend auf $x_o \neq 0$ verallgemeinert. Dieser Sonderfall besitzt den Vorteil, daß wir die Geschwindigkeiten, die auf einem Kreiszylinder mit der Achse $x = 1$ betrachtet werden, bis zu sehr großem Wandabstand verfolgen und auch den Wandeinfluß gut übersehen können. Wir betrachten also $x_o = 0$ als Normalfall und $x_o \neq 0$ als Verzerrung dieses Normalfalles.

Nach der Forderung, daß sich die Strömung in großem Abstand von der Wand wie die ideale Quell-Senkenströmung verhalten soll, muß für das Geschwindigkeitsprofil $v_r = v_R \sin\vartheta + v_\vartheta \cos\vartheta$ (Zylinderkoordinaten $r; z; \varphi$) stets eine Asymptote auftreten, die parallel zum Quell-Senkenfaden verläuft, und die v_z-Komponente mit wachsendem z verschwinden. Die Geschwindigkeitsprofile v_r aller von uns ermittelten Strömungen zeigen eine Annäherung an die Asymptote von oben, also ein Überschreiten der asymptotischen Geschwindigkeit in der Grenzschicht ([1], S. 27).

Trägt man zu einer festen Quellstärke q die verschiedenen, möglichen Geschwindigkeitsdiagramme v_r in einer Zeichnung auf, dann stellt diese ein kontinuierliches Spektrum von Kurven dar. Wir denken uns jetzt, von einer dieser Kurven ausgehend, dieses Spektrum der stationären Strömungen durchlaufen. Zur Illustration ziehen wir ein Zahlenbeispiel heran. Die Polynomlösung: N = 4 ($x_o = 0$; $q = -3{,}2o8$; $p = 2{,}117$) soll unsere Ausgangskurve sein. Einige uns typisch erscheinende Profile sind in Abbildung 9 aufgetragen.

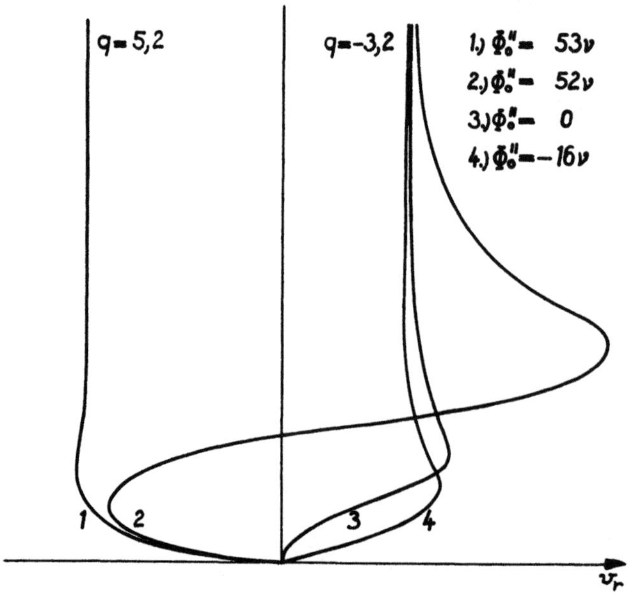

A b b i l d u n g 9

Die zugehörigen Anstiege ϕ_o'' werden von Kurve zu Kurve verändert, aber $q = -\,3{,}2o8$ dabei festgehalten. Die anfangs positiv geneigte Tangente 4 an der Wand geht über die Vertikale 3 hinweg, und es bildet sich eine immer weiter anwachsende Rückströmung aus 2. Bei einer Steigung mit $\phi_o'' = \bar{\phi}_o''$ angelangt, springt die bisherige Asymptote der Profile um den Betrag $2 + 2\,|q|$ in eine neue Lage 1. In Umgebung von $\bar{\phi}_o''$ ist die Differentialgleichung praktisch ungeändert geblieben; bei ihren Koeffizienten wird jetzt die Symmetrie $q \longleftrightarrow 2-q$ ausgenützt. Von nun an bedeutet jede weitere Steigerung von $\phi_o'' > \bar{\phi}_o''$ Divergenz in den Lösungen. Zusammengefaßt besagt dies:

Es sind bei einer Ergiebigkeit q wohl beliebig viele verschiedene Strömungen möglich, die ihrerseits durch verschiedene Anstiege des Grenzschichtprofils voneinander abweichen, aber diese Schar ist einseitig begrenzt durch einen letztmöglichen Parameterwert $\bar{\phi}_o''$. Eine stationäre Strömung mit $\phi_o'' > \bar{\phi}_o''$ ist nicht mehr möglich. Diese Grenze $\bar{\phi}_o''$ können wir angeben. Dazu greifen wir auf die Ergebnisse des 5.Abschnittes zurück, wo wir die Existenz einer Grenzkurve $\bar{q}$ erkannten. Zu $\dot{q}$ gehört nun die Grenzkurve mit dem Parameterwert $\bar{q} = -\,3{,}2o8$ und zu ihr laut Gleichung (2o) eine Ergiebigkeit $q_e = 2 - \bar{q} = 5{,}2o8$. Diesem $q_e > 1$ entspricht ein p_e, das wir mittels Relation Gleichung (48) errechnen zu $p_e \approx -\,7{,}3$. Über die Kopplungsgleichung (8) finden wir:

$$\bar{\phi}_o'' = \nu \left[(p_e - 1)^2 - (q_e - 1)^2 \right] \approx 53\,\nu$$

$\phi_o'' = 53\nu$ begrenzt die möglichen Steigungen der Grenzschichtprofile,

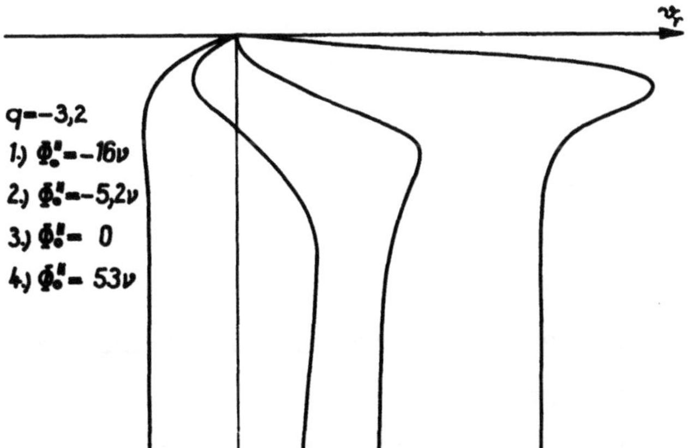

A b b i l d u n g 1o

die zu $q = -3{,}2o8$ gehören. Für Profile mit positiver Steigung gibt es keine solche Schranke.

Einen ähnlichen Sachverhalt beobachten wir auch im unteren Halbraum (Kegelaußenraum). Wiederum halten wir $q = -3{,}2o8$ fest und variieren Φ_o''.

Um die Grenzen für Φ_o'' zu finden, schließen wir zunächst: $q = -3{,}2o8$ ist ein q_e, zu dem ein Eigenwert p_e gehört. Dieses p_e finden wir wiederum aus Gleichung (48) zu $p_e = 2{,}117$. Demzufolge ist $\bar{p} = 2-p_e = -o{,}117$ und die letzte noch zulässige Steigung $\underline{\Phi}_o'' = -16{,}5\nu$. Wird nun dieses $\underline{\Phi}_o''$ unterschritten, dann liefert Gleichung (9) keine im Raume $-1 \leqq x \leqq 0$ ralisierbare Strömung mehr.

Eine Divergenz der Lösungen bei $x = -1$ bedeutet keinerlei Einschränkung für den oberen Halbraum $0 \leqq x \leqq 1$; $\Phi(x)$ kann trotzdem eine physikalisch sinnvolle Strömung beschreiben. Ein Beispiel dafür zeigt Abbildung 11. In ihr sind Geschwindigkeiten und Stromlinien aufgetragen für komplexes p.

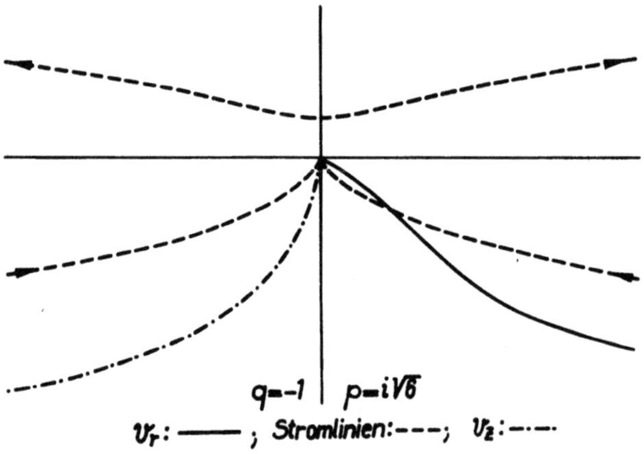

A b b i l d u n g 11

Es ist von Interesse, das Verhalten der Strömung zu beobachten, wenn ein Grenzwert des Anstiegs überschritten wird. Wir haben deshalb zwei der Grenzlage benachbarte Fälle zum Vergleich herangezogen.

Das folgende Bild umfaßt den Funktionsverlauf $\Phi(x)$ in der Nähe des Sattelpunktes $(-1;\ 2{,}117)$, daneben die entsprechenden Grenzschichtprofile.

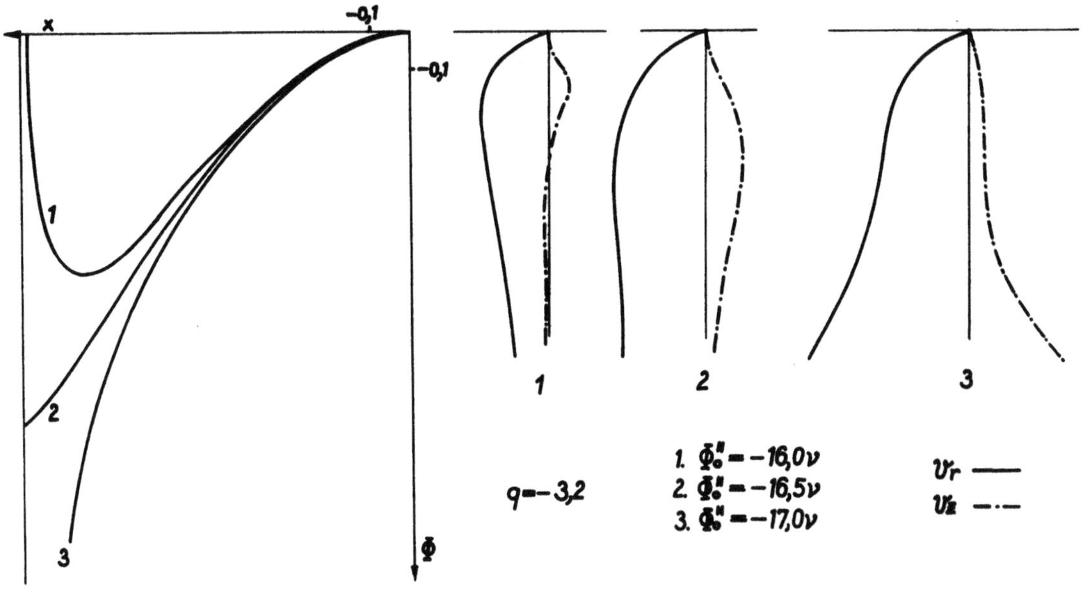

A b b i l d u n g 12

Aus dieser Abbildung erkennt man, daß die Lösung 3, die später divergiert, sich noch in Wandnähe, in der Grenzschicht wie eine konvergente Lösung verhält.

Bei all den Lösungen für den sogenannten Außenraum $x < x_o$ ist stets zu beachten, daß nur ν; q; x_o; Φ_o'' physikalische Größen sind, nicht aber p (vgl. Abschnitt 2). Diesem Parameter kann nur dann eine physikalische Bedeutung unterlegt werden, wenn dort $\Phi(x)$ konvergiert. Im Falle der Divergenz ist dies nicht zulässig!

Wünscht man nun eine Strömung, die in beiden Halbräumen konvergiert, dann darf man für q = - 3,2o8 nur p, bzw. Φ_o''-Werte wählen, die den Bedingungen gehorchen:

$$-7{,}3 < p < -0{,}117 \qquad -16{,}5\,\nu < \Phi_o'' < 53\,\nu$$

c) Unterkritische Senkenströmung

Vergleichen wir die Eigenheiten von Quell- und überkritischer Senkenströmung, dann ist als das Wesentliche nochmals hervorzuheben, daß die überkritische Senkenströmung durch Vorgabe von q; x_o eindeutig fixiert ist, daß aber die Quellströmung eine Vieldeutigkeit mit sich bringt. Dieses unterschiedliche Verhalten als Folge der Ergiebigkeit q überrascht umsomehr dadurch, daß es eigentlich keine Unterscheidung zwischen Quell-

und Senkenströmung ist, sondern die trennende Grenze zwischen Ein- und Vieldeutigkeit noch im Innern des Wertebereiches $q > 0$ liegt, nämlich bei $q = 1$. Also müssen Strömungen schwacher Senkenbelegung hinsichtlich ihrer Ergiebigkeit zu den Senken-, hinsichtlich ihrer Vieldeutigkeit aber zu den Quellströmungen gerechnet werden.

Stromlinienbilder und Geschwindigkeitsdiagramme weichen für $0 < q < 1$ kaum von den bisher gezeigten ab. Sie bedürfen deshalb keiner weiteren Abbildung. Falls sgn $p \neq$ sgn q, gibt es eine Rückströmung im Innen- oder Außenraum.

d) Kritische Senkenströmung

Nach Gleichung (13) wissen wir, daß $\phi(x)$ im Falle $q = 1$ zwar bei $x = 1$ noch endlich ist, $\phi'(x)$ dort aber im allgemeinen über alle Grenzen wächst, und so die Stromlinien auf den Punkten der Achse mit vertikaler Tangente beginnen.

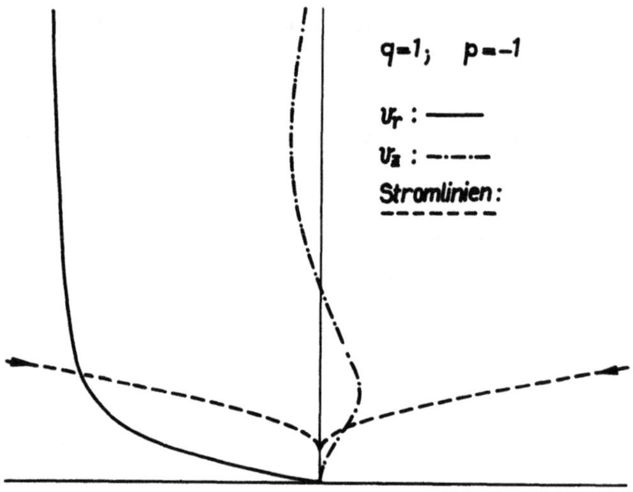

Abbildung 13

Die Strömung ist physikalisch nicht realisierbar, wird es aber sogleich, wenn die Achse $x = 1$ durch einen Kegel vom Strömungsgebiet getrennt wird, was aber nichts anderes heißt, als daß wir die Geschwindigkeiten auf einem Kegel mit derselben Achse vorgeben, d.h. die Randbedingungen etwas abändern. Eine einzige Ausnahme macht der Fall mit $A = 0$ [vgl. Gleichung (35)]. Hier ist $\phi'(1)$ endlich, $\phi(x)$ eine Eigenlösung.

Eine weitere Reihe interessanter Strömungen liefert komplexes $q = 1 \pm is$. Es divergiert nun auch $\phi(x)$ auf der Achse. Die Singularität ist von der Art (vgl. Anhang):

$$\phi = \lim_{x \to +1} \frac{\Omega}{1 - \cos\left\{\omega + s \cdot \ln(1-x)\right\}} \qquad \Omega;\ \omega \text{ reell} \tag{21}$$

Wiederum, wie bei $q = 1$, nehmen wir die Achse $x = 1$ nicht mehr zum Strömungsgebiet, sondern trennen sie davon durch einen Kegel, den wir uns statt der Achse mit Quellen bzw. Senken belegt denken. Wir müssen jetzt allerdings auf die bisherige Deutung von q verzichten und die Geschwindigkeit auf dem "Senkenkegel" vorgeben. Durch diese Bedingung wird zugleich über ϕ_0'' verfügt und die Lösung $\phi(x)$ eindeutig.

Für das nächste Bild wählen wir p;q beide komplex. $x = \pm 1$ wird nicht mehr zum Strömungsgebiet gezählt, dessen Berandung nun die beiden Kegel mit den Öffnungswinkeln ε und δ sind.

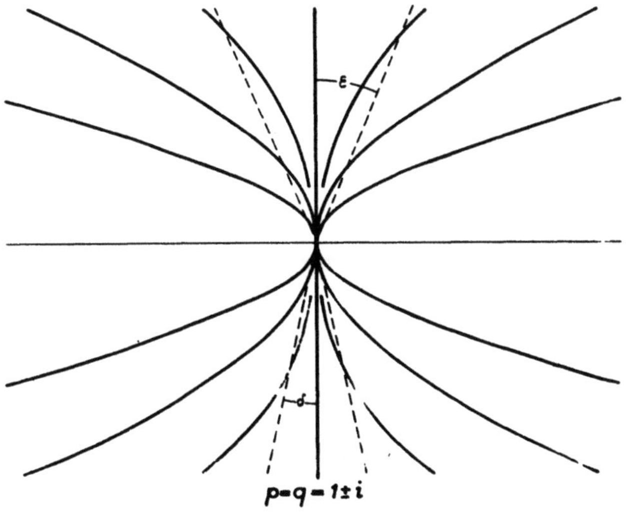

Abbildung 14

e) Strahlströmung

Der runde Strahl, der aus einem kleinen kreisförmigen Loch in einer ebenen Wand austritt und infolge Reibung die umgebende Flüssigkeit mitreißt, wurde von SCHLICHTING [4] durch Integration der Grenzschicht-Differentialgleichung näherungsweise erfaßt. SQUIRE [5], [6], [7] gibt geschlossene Lösungen für dasselbe Problem an, die aber nicht die Haftbedingung $\varphi(x_0 = 0) = 0$ erfüllen.

In diesem Kapitel gehen wir ebenfalls auf den runden Strahl ein, legen uns aber nicht auf die ebene Wand fest. Die Parameter ν; x_0 sind frei wählbar und die Flüssigkeit haftet an der Wand. Daneben finden wir aber auch noch die Strömungen, bei denen die Flüssigkeit auf die Wand zu beschleunigt wird. Diese Strömung hat vieles mit der eines Absaugens durch ein kreisförmiges Loch in der Wand gemeinsam. Auch sie haftet bei $x = x_0$.

Die Riccati-Differentialgleichung (9) erfaßt diese Strömungen, wenn wir $q = 0$ einsetzen. Ihre Haftlösungen nennen wir "Strahllösungen". Aus Gleichung (9) wird:

$$\frac{1}{2}\phi^2 = \nu\left[2x\phi + (1-x^2)\,\phi'\right] - \nu^2\,\frac{p(p-2)}{1+x_0}\,(x-x_0)(1-x) \tag{22}$$

Man zeigt leicht, daß die Differentialgleichung identisch ist mit der, die man ableitet unter Hinzunahme der Bedingung:

$$v_\vartheta\,(x = 1) = 0\ .$$

Das bedeutet nicht allein $\phi(1) = 0$, sondern noch weitergehend

$$\lim_{x\to 1}\frac{\phi(x)}{\sqrt{1-x^2}} = 0 \qquad \text{d.h.} \qquad \lim_{x\to 1}\sqrt{1-x^2}\cdot\phi' = 0$$

Hier treffen wir die Fallunterscheidung:

$$\phi'(1)\quad \begin{array}{lll} \text{beschränkt} & v_R(1) & \text{endlich} \\ \text{divergent} & v_R(1) = & \infty \end{array}$$

Die Durchflußmenge Q durch die Wand $x = x_0$ ist bei uns, wie bei den oben genannten Autoren stets Null:

$$Q = 2\cdot\lim_{R\to 0}\int_{x_0}^{1} v_R\cdot do = \lim_{R\to 0} 4\pi R\cdot\phi(1) = 0$$

Der Charakter der Strömung wird durch den Gesamtimpuls $\mathfrak{J}$ bestimmt, der der Flüssigkeit bei $R = 0$ erteilt wird. $\mathfrak{J}$ ist eine Funktion der Parameter ν; x_0; p bzw. ϕ_0'' und fällt infolge der Drehsymmetrie mit der Richtung der Drehachse zusammen. Er nimmt mit dem Quadrat der kinematischen Zähigkeit zu:

(23) $$\mathfrak{J} = \nu^2 \cdot J\,(x_o;\ p)$$

Wir sind nun in der Lage, in Differentialgleichung und Lösung den Parameter p bzw. ϕ''_o durch den Impulsbetrag zu ersetzen. Damit hängt $\phi(x)$ nur noch von ν; x_o; J ab.

Wieder, wie im Falle $q < 0$, sind hier ∞-viele verschiedene Haftlösungen möglich, auf die sich die Betrachtungen von Abschnitt 6b ohne weiteres übertragen lassen. Wir können also für das folgende Bild der Grenzschicht die dort aufgeführte Diskussion weitgehend übernehmen. Als Kenngröße wählen wir:

$$a = \frac{p(p-2)}{2(1+x_o)} = \frac{1+x_o}{2\nu} \cdot \phi''_o$$

statt wie bisher p bzw. ϕ''_o.

In Abbildung 15 gehören die links von der vertikalen Achse eingezeichneten Grenzschichtprofile zu Strömungen, die auf x = 1 zur Wand hin, die rechts eingezeichneten zu solchen, die von der Wand wegziehen.

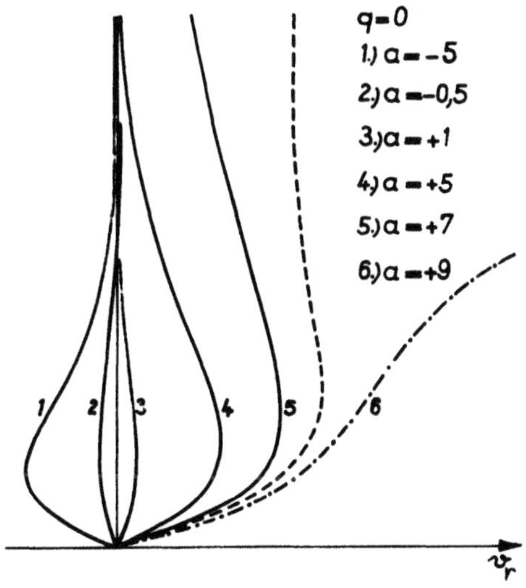

A b b i l d u n g 15

Wir sind hier keinesfalls genötigt, uns auf reelle p-Werte zu beschränken. Gefordert ist nur a reell, und diese Forderung erfüllen wir auch mit $p = 1 \pm ir$ (vgl. Abb. 15 und Abb. 19). Die Grenzkurve hat den Parameterwert $\bar{q} = 0$. Den zugehörigen Grenzwert für die Steigung erhalten wir, wenn wir $q = 2$ als ein q_e betrachten und dazu nach Gleichung (48) das p_e ermitteln:

$$\frac{1}{\nu}\,\bar{\phi}_o'' = \frac{p_e(p_e-2)}{(1+x_o)^2}$$

Profil 6 zeigt eine divergierende Lösung, die sich noch in Wandnähe wie eine konvergente verhält (vgl. Abb. 12).

Die folgenden Zeichnungen bringen eine Reihe von Stromlinienbildern, deren Parameterwerte a jeweils beigefügt sind.

Der Umschlag von konvergentem $\phi(x)$ in divergentes $\phi(x)$ ist in Abbildung 16 festgehalten. Zwischen der durchgezogenen und der strichpunktierten Stromlinie ist die zur Senkenströmung $q = 2$ (d.h. $q=2-0$) gehörende gestrichelt eingetragen. Ihr Geschwindigkeitsprofil v_r liegt in Abbildung 15 ebenfalls zwischen Profil 5 und 6.

Abbildung 17 bringt einen Schnitt durch einen solchen runden Strahl.

Unsere Stromlinienbilder weichen - was sofort auffällt - von dem durch Grenzschichtrechnung gefundenen [4] dadurch ab, daß die Zuströmung nicht parallel zur Wand erfolgt, wie dort.

Die Druckverteilung, die bei [4] in erster Näherung als konstant über den Strahlquerschnitt angenommen wurde, läßt sich ohne weiteres bei unseren Strömungen aus der Navier-Stokes-Differentialgleichung exakt errechnen.

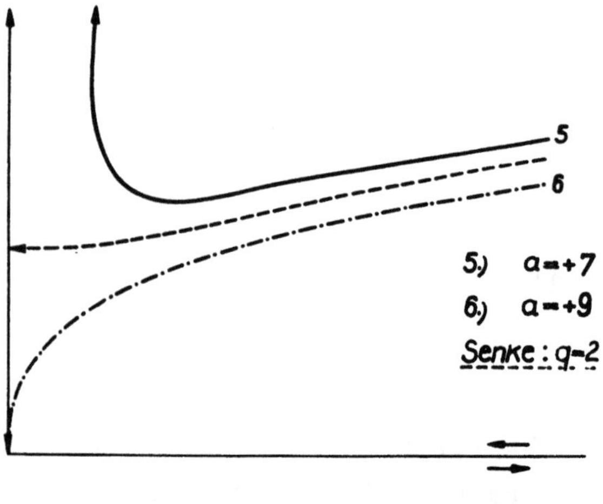

A b b i l d u n g 16

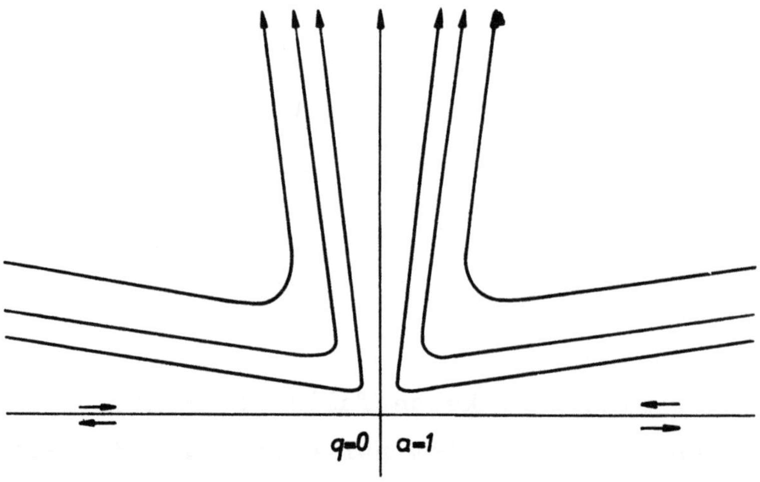

A b b i l d u n g 17

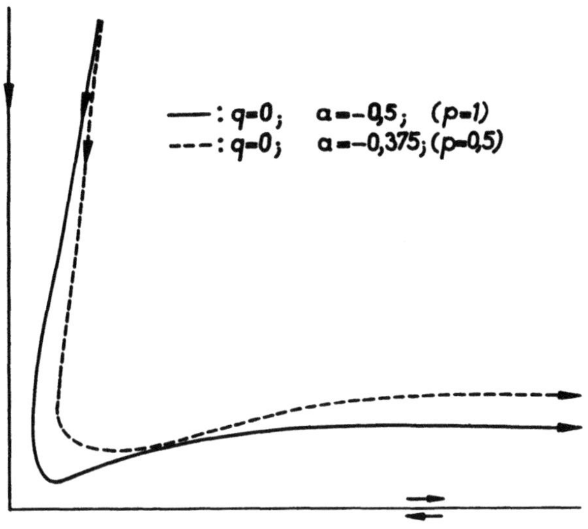

Abbildung 18

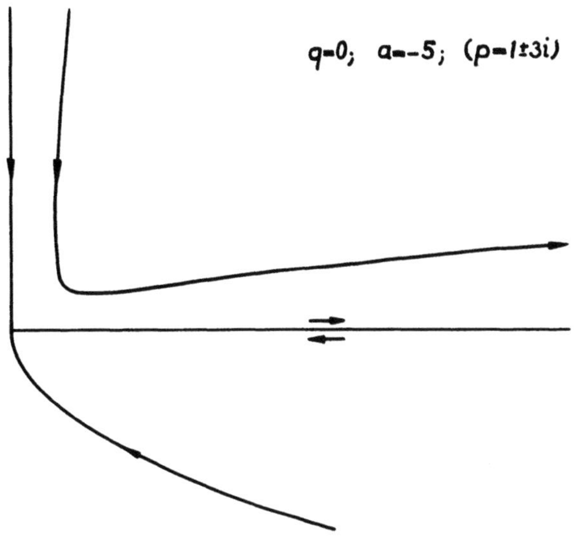

Abbildung 19

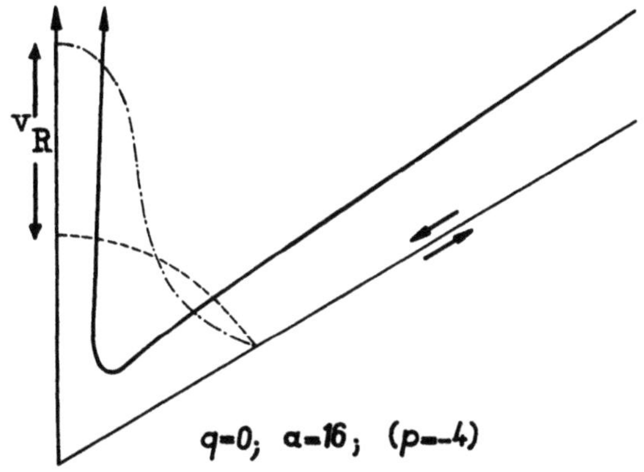

Abbildung 2o

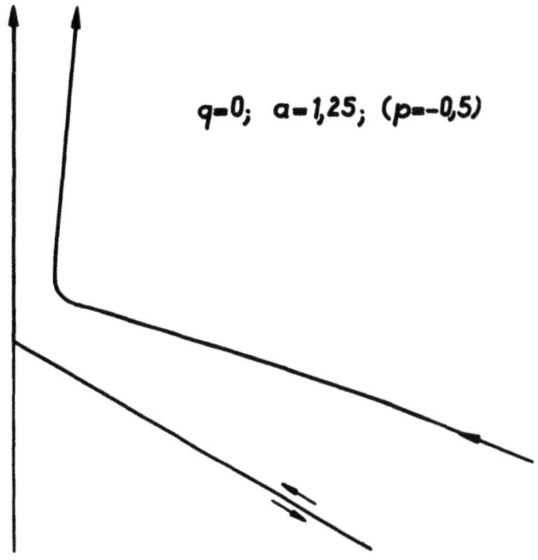

Abbildung 21

Abbildung 18 erfaßt das Absaugen durch einen Meridianschnitt. Die zu zwei verschiedenen Impulsintensitäten gehörenden Stromlinien sind nebeneinander zum Vergleich aufgetragen. Mit wachsendem p kontrahiert sich der Strahl in der Kehle (Ort kleinsten Strahlquerschnitts).

Unsere strengen Lösungen lassen sich für beliebige Düsenöffnungswinkel herleiten, ohne daß dabei eine nennenswerte Komplikation auftritt.

Die Strömung verläuft in Abbildung 2o im Kegelinnenraum, in Abbildung 21 ist der Strahl nach dem Austritt aus der Kreiskegeldüse zu sehen.

Auf die Darstellung des entsprechenden Absaugens wollen wir hier verzichten.

Zusammenfassung: Die Strahllösungen werden durch den Parameter a in folgende drei Gruppen geteilt:

$$- \infty < a < 0 \qquad v_R(1) < 0$$

$$0 < a < \frac{1+x_o}{2\nu} \bar{\phi}_o'' \qquad v_R(1) > 0$$

$$\frac{1+x_o}{2\nu} \bar{\phi}_o'' < a < + \infty \qquad v_R(1) = \infty$$

7. Transformation auf eine lineare Differentialgleichung 2.Ordnung

Die Riccati-Differentialgleichung genießt vielen anderen nichtlinearen Differentialgleichungen gegenüber den Vorzug, daß sie sich auf eine lineare Differentialgleichung zurückführen läßt. Wir nehmen ihn wahr, um zu einer geschlossenen Darstellung der Lösungen von Gleichung (9) zu kommen.

Ansatz und Ergebnis der Transformation sind ([1] S.1o):

(24)
$$\phi = - 2\nu (1-x^2) \frac{y'}{y}$$
$$(1-x^2)^2 \, y'' - (ax^2 + bx + c) \, y = 0$$

Die folgende Umformung, über die wir zwei freie Parameter in die Differentialgleichung einführen, dient zur Vereinfachung:

(25)
$$y = (1-x)^{\lambda/2} (1+x)^{\mu/2} \cdot w(x)$$
$$(1-x^2)^2 \, w'' + (1-x^2)\{\mu(1-x) - \lambda (1+x)\} w' + f(x) \, w = 0$$
$$f(x) \equiv \frac{\lambda (\lambda - 2)}{4} (1+x)^2 + \frac{\mu(\mu -2)}{4} (1-x)^2 - \frac{2\lambda\mu}{4}(1-x^2) - (ax^2+bx1c)$$

Wir können nun über $\lambda ; \mu$ so verfügen, daß sich der Faktor $(1-x^2)$ aus der Differentialgleichung (25) herauskürzt. Dies tritt ein für:

(26)
$$(\mu -1)^2 = (p-1)^2$$
$$(\lambda -1)^2 = (q-1)^2$$

Wir machen von diesen Relationen Gebrauch und erhalten ([1] S.12):

$$(27)\qquad \begin{aligned} &(x^2-1)\, w'' + \left[\lambda (x+1) + \mu (x-1)\right] w' + kw = 0 \\ &k \equiv \frac{1}{4}\left\{(\lambda + \mu - 1)^2 - (1+4a)\right\} \end{aligned}$$

Mit den Abkürzungen: $2z = 1 \mp x;\ \frac{dw}{dz} \equiv \dot{w}$

$$(28)\qquad \begin{aligned} &\begin{matrix}\alpha \\ \beta\end{matrix} \equiv \frac{1}{2}\left\{(\lambda + \mu - 1) \pm \sqrt{1+4a}\right\} \\ &\gamma \equiv \begin{matrix}\lambda \\ \mu\end{matrix} \end{aligned}$$

folgt daraus die hypergeometrische Differentialgleichung in der Normalform:

$$z(z-1)\,\ddot{w} + \left\{(\alpha + \beta + 1)z - \gamma\right\}\dot{w} + \alpha\beta w = 0$$

Mit jedem ihrer Fundamentalsysteme $\bar{A}w_1 + \bar{B}w_2$ lassen sich die Integrale der Riccati-Differentialgleichung sofort konstruieren: $\frac{dw}{dx} \equiv w'$; $A = \bar{B} : \bar{A}$

$$(29)\qquad \phi = \nu \left[\lambda (x+1) + \mu (x-1) - 2(1-x^2)\, \frac{w_1' + Aw_2'}{w_1 + Aw_2}\right]$$

Es sei hier - leicht überprüfbar - angemerkt, daß die Differentialgleichung (9) und ihre Lösungen Gleichung (29) invariant sind gegenüber Vertauschung $q \longleftrightarrow 2-q$ oder $p \longleftrightarrow 2-p$ oder beider zugleich. Also ist gleichgültig, welchen der möglichen Werte man wählt. Zusätzliche Forderungen jedoch, z.B. ein logarithmenfreies System u.ä. erkauft man mit einschränkenden Relationen zwischen den einzelnen Parametern.

Zunächst scheint es, als könne durch beliebige Wahl der Parameter $p;q;x_0$ stets eine Haftlösung ermittelt werden, wenn nur

$$\frac{(\lambda - \mu) + (\lambda + \mu)x_0}{2(1-x_0^{\,2})} = \frac{w_1'(x_0) + Aw_2'(x_0)}{w_1(x_0) + Aw_2(x_0)}$$

Doch dem ist nicht so, wie bereits die Diskussion der Riccati-Differentialgleichung andeutete.

8. Die Lösung als Funktion der Randbedingungen

Die Parameterwahl von $\lambda;\mu$ bzw. $q;p$ führt zu einschneidenden Unterschieden innerhalb der Lösungsschar Gleichung (29). Neben dem Verhalten bei

$x = 1$ und der Haftstelle $x = x_0$ ist noch zu beachten, daß $\phi(x)$ in $-1 < x < +1$ regulär sein muß. Wir können darüber hinaus Regularität für $|x| > 1$ verlangen, da die Riccati-Differentialgleichung in diesem Bereich ebenfalls singularitätenfrei ist. Den Einfluß der Randbedingungen auf die Wertebereiche der Parameter untersuchen wir in drei Abschnitten.

(A) Das Interesse gilt zunächst der Stelle $x = \pm 1$, oder in z, dem Entwicklungszentrum $z = 0$ (vgl. [1], S. 9). Wir erhalten für:

$$\gamma \leqq 1 \qquad \phi(x=\pm 1) = \begin{matrix} 2\nu\lambda \\ -2\nu\mu \end{matrix}, \quad \text{wenn} \quad A \text{ beliebig}$$

$$\gamma > 1 \qquad \phi(x=\pm 1) = \begin{matrix} 2\nu\lambda \\ -2\nu\mu \end{matrix}, \quad \text{wenn} \quad A = 0$$

$$ \qquad \phi(x=\pm 1) = \begin{matrix} 2\nu(2-\lambda) \\ -2\nu(2-\mu) \end{matrix}, \quad \text{wenn} \quad A \neq 0$$

Dieser Sachverhalt hat zur Folge:

Bei $\underline{q < 1}$ kann über die Integrationskonstante A frei verfügt werden, und das Problem hat bei beliebigem p bzw. ϕ_0'' immer eine Lösung.

Bei $\underline{q > 1}$ gibt es im allgemeinen keine Lösung, da $\phi(1) = 2\nu q$ nur mit $A = 0$ erfüllbar ist, d.h. daß jetzt die Haftbedingung mit $w_1(x)$ allein befriedigt werden muß. Die bisher freie Konstante A, die für das Erfülltsein der Haftbedingung sorgte, fällt nun aus Gleichung (29) heraus, und damit kann Haften bei $x = x_0$ nur noch zufällig, d.h. im Einzelfalle erreicht werden. Dazu bedarf es bei festem $q > 1$ einer geeigneten Parameterwahl von $p = p_e(x_0)$ bzw. $\phi_0'' = \phi_{0e}''(x_0)$. Hier liegt also ein Eigenwertproblem vor mit p_e bzw. ϕ_{0e}'' als Eigenwert.

Bei $\underline{q = 1}$ besitzt das Problem auch eine entsprechende Lösungsschar mit p bzw. ϕ_0'' als Parameter wie unter $q < 1$, aber diese Lösungen haben physikalisch gesehen keine Bedeutung. Anders jedoch liegt der Fall, wenn $A = 0$ und damit p bzw. ϕ_0'' einen bestimmten Wert hat. Diese Lösung ist nun logarithmenfrei, das $v_R(1)$ endlich, und die Stromlinien verlassen die Achse mit horizontaler Tangente. Wieder liegt ein Eigenwertproblem vor wie bei $q > 1$. Dieses p ist gewissermaßen der Anfangspunkt der "Eigenwertkurve" $p_e(q_e;\ x_0)$.

$z = 1$ soll jetzt der Ort unserer Betrachtungen sein. Ohne dabei die Allgemeingültigkeit aufzuheben, kann man sich auf den Fall $A = 0$ beschränken. Um Aussagen über die Konvergenz von $\phi(x)$ bei $x = \pm 1$ machen zu können, genügt es, die von $F(\alpha, \beta, \gamma;\ z)$ bei $z = 1$ zu untersuchen, da mit

$F(\alpha, \beta, \gamma; z)$ auch seine logarithmische Ableitung divergiert. Die hypergeometrische Funktion konvergiert aber bei $z = 1$, wenn

$$\Re \{\alpha + \beta - \gamma\} < 0$$

Drücken wir die Parameter $\alpha; \beta; \gamma$ durch p;q aus, dann besagt dies:

Konvergenz bei $x = \pm 1$, wenn $\begin{matrix} \Re\{q\} < \\ \Re\{p\} < \end{matrix} 1.$

Im andern Falle liegt Divergenz vor. Dabei gibt es jedoch eine einzige Ausnahme, nämlich wenn $p = p_e$ bzw. $\phi_o'' = \phi_{oe}''$, also für den Eigenwert (vgl. Abschnitt 1o). Mit ihm ist:

$$\lim_{z \to 1} (1-z) \frac{F'(z)}{F(z)} = 0$$

Daneben bringen noch die Verträglichkeit mit den Randbedingungen und der physikalische Sachverhalt, der der ganzen Überlegung zugrunde liegt, eine Reihe weiterer Einschränkungen für den Wertevorrat der Parameter p;q mit sich. So müssen, damit die Riccati-Differentialgleichung reelle Lösungen hat, ihre Koeffizienten reell sein. Das bedeutet nach deren Bau, daß p;q höchstens von der Form sein können:

(3o) $\quad (p-1)^2 = \pm r^2 \qquad (q-1)^2 = \pm s^2 \qquad r;s$ reell

Doch diese Forderung allein genügt noch nicht, wir müssen reelles q verlangen (vgl. Anhang).

Das in erster Linie interessierende Strömungsgebiet ist der Raum $x_o \leqq x \leqq 1$. Die Differentialgleichung (9) erfaßt dort alle Strömungen, für die die Haftbedingung und die Gl. (5) gelten. Die in $x_o \leqq x \leqq 1$ sinnvollen Lösungen lassen sich auch nach $-1 \leqq x \leqq x_o$ fortsetzen, beschreiben demnach auch Strömungen, die dieser Differentialgleichung genügen; doch können sie bei $x = -1$ divergieren, wenn der Parameter ϕ_o'' es bestimmt. Bei den für $x = -1$ konvergierenden Lösungen ist zusätzlich die Deutung möglich:

p ist Quellstärkenparameter für die Achse $x = -1$, obwohl bereits q als ein solcher für $x = +1$ festgelegt ist. Das rechtfertigt in gewisser Weise erneut unseren Ansatz für $C_1; C_2$ in Differentialgleichung (9). In diesem Falle ist die Strömung in $-1 \leqq x \leqq x_o$ von gleicher Art wie die in $x_o \leqq x \leqq 1$, durch einen Quellfaden erzeugt. Vertauschung von $x \leftrightarrow (-x)$ und den Intensitätsgrößen p;q vertauscht die Lösungen der beiden Raumteile. Wir erhalten so eine weitere brauchbare Lösung der Differentialgleichung (9). Divergiert jedoch die Fortsetzung bei x = -1, so ist diese Vertauschung nicht möglich, weil die Bedingung Gleichung (5) nicht mehr erfüllt wird, denn $\phi(-1) \longrightarrow \infty$.

(B) Im vorigen Abschnitt haben wir dem Parameter $q > 1$ die Integrationskonstante A = 0 zugeordnet, ohne daß damit die Haftbedingung erfüllt wäre. Diese fordert jetzt:

$$\frac{(\lambda_e-\mu_e) + (\lambda_e+\mu_e)x_o}{2(1-x_o^2)} = \frac{F'(\alpha_e, \beta_e, \gamma_e; \frac{1\mp x_o}{2})}{F(\alpha_e, \beta_e, \gamma_e; \frac{1\mp x_o}{2})} \tag{31}$$

Der Index "e" bezeichnet die Parameterwerte, die die Gl. (31) möglich machen.

Wir führen ein:

"Eigenwerte" sollen im Rahmen dieser Arbeit alle nach Gl. (31) zusammengehörigen Parameterwerte λ_e; μ_e bzw. p_e;q_e heißen, wenn mindestens einer davon > 1 ist.

"Eigenlösungen" sollen alle Haftlösungen heißen, deren Parameterwerte Eigenwerte sind.

Ist nun $p_e^{q_e}$ und x_o vorgegeben, dann errechnen wir aus Gl. (31) das zugehörige $q_e^{p_e}$, mit dem sich Haften bei x_o erreichen läßt. Die Aufgabe ist jetzt zunächst auf die Bestimmung zusammengehöriger Wertetripel $(p_e;q_e;x_o)$ verlagert, wie sie die Haftbedingung fordert.

(C) Eine letzte Einschränkung für die p;q-Werte erfolgt durch den Satz: Die Lösung einer linearen Differentialgleichung kann höchstens an den singulären Stellen der Differentialgleichung divergieren. Das führt notwendig für alle regulären Stellen von Gl. (29) auf

$$w_1(x) + Aw_2(x) \neq 0 \tag{32}$$

und damit zu einschränkenden Bedingungen für die Parameter α; β; γ (vgl. Abschnitt 10).

9. Polynomlösungen

Verzichten wir nun noch auf die Kontinuität im Spektrum der möglichen Parametertripel $(p;q;x_o)$ und begnügen uns mit einzelnen diskreten, dann ist es möglich, die formal gegebenen Lösungen Gl. (29) der Riccati-Differentialgleichung durch geschlossene zu ersetzen (vgl. [1], S. 12). Geeignete Relationen zwischen den Parametern sorgen nämlich dafür, daß die auftretenden Reihen abbrechen und Polynome an ihre Stelle treten. Solche Integrale nennen wir "Polynomlösungen", unbeachtet dessen, ob sie zusätzlichen Bedingungen genügen oder nicht. Verlangt ist nur, daß sie selbst oder die mit ihnen aufgebauten Lösungen Gl. (29) der Riccati-Differentialgleichung (9) genügen. Wir unterscheiden drei Typen:

a) Polynomlösung für die Riccati-Differentialgleichung

Die Differentialgleichung (9) hat - wenn überhaupt - nur eine lineare Funktion als Polynomlösung, was wir mit einem Polynomansatz beliebiger Ordnung leicht zeigen (vgl. Anhang).

b) Polynomlösung für die lineare Differentialgleichung 2.Ordnung

Die Transformationen Gl. (24) und (25) lassen aus Gl. (9) die Differentialgleichung entstehen:

$$(33) \qquad z^2(z-1)\frac{\ddot{w}}{w} + z\left\{\left[(\lambda+\mu)z - \lambda\right]\right\}\frac{\dot{w}}{w} + \frac{1}{4}\left\{\left[(\lambda+\mu-1)^2 - (1+4a)\right]\right\}z - \delta = 0$$

wenn wir fordern:

$$2z = 1-x \qquad (\mu-1)^2 = (p-1)^2 \qquad \delta = \frac{1}{4}\left\{\left[(\lambda-1)^2-(q-1)^2\right]\right\}$$

Für die Koeffizienten a_n eines Potenzreihenansatzes erreichen wir eine zweigliedrige Rekursion

$$\left\{\left[(\lambda+\mu-1)^2 - (1+4a) + 4n(n+\lambda+\mu-1)\right]\right\} a_n - 4\left\{\left[\delta + (n+1)(\lambda+n)\right]\right\} a_{n+1} = 0$$

die nach Nmaliger Anwendung abbricht, wenn die dazu notwendige Bedingung, die "Polynombedingung" erfüllt ist:

$$(34) \qquad (2N+\lambda+\mu-1)^2 = 1+4a$$

Die obige Rekursion bedarf noch, wie man sofort erkennt, eines Zusatzes:

$$(35) \qquad \begin{aligned} &\delta \cdot a_0 = 0 \\ &\delta + (\varrho+1)(\lambda+\varrho) = 0 \qquad 0 \leqq \varrho + 1 \leqq N-1;\ \text{ganz} \end{aligned}$$

Demnach können zweierlei Polynomlösungen hier auftreten:

1.) $\delta = 0 \qquad \varrho = -1$ 2.) $a_0 = 0 \qquad \varrho \geqq 0$

Natürlich hätte das Entwicklungszentrum $x = -1$, statt wie oben $x = +1$ sein können, doch das brächte lediglich eine Vertauschung $\lambda \longleftrightarrow \mu$ bzw. $q \longleftrightarrow p$ mit sich, aber sonst keinerlei wesentliche Abweichung.

Im folgenden arbeiten wir mit $\delta = 0$, betrachten Polynomlösungen mit $a_0 = 0$ als solche, die die erstgenannte Schar ergänzen, und kommen in einem gesonderten Abschnitt auf sie zurück (vgl. Abschnitt 12).

Im Falle $\delta = 0$ läßt sich ein z aus der Differentialgleichung (33) herauskürzen. Sie lautet dann unter Hinzunahme der Polynombedingung:

$$(36) \qquad (x^2 - 1)\, w'' + \left[(\lambda + \mu)x - (\lambda - \mu)\right] w' - N(N + \lambda + \mu - 1)\, w = 0$$

und hat die sogenannten "Jacobi-Polynome" zu Lösungen:

$$(37) \qquad P_N^{(\lambda-1;\mu-1)}(x) \equiv \binom{N + \lambda - 1}{N} F\left(-N, N + \lambda + \mu - 1, \lambda; \frac{1-x}{2}\right)$$

$$= \frac{1}{2^N} \sum_{\nu=0}^{N} \binom{N + \lambda - 1}{\nu} \binom{N + \mu - 1}{N - \nu} (x-1)^{N-\nu} (x+1)^{\nu}$$

Falls $\lambda; \mu > 1$, sind sie orthogonal, sonst "verallgemeinert". Weitere Unterscheidungen verweisen wir nach Abschnitt 12. Bei allen drei Typen der hier aufgeführten Polynomlösungen unterliegen die Parameter außer der Polynombedingung keiner Einschränkung. Erst physikalische Forderungen engen ihren Wertebereich ein.

1o. Ermittlung zusammengehöriger Parameterwerte

Im Falle $q > 1$ und für Polynomlösungen muß Haften an der Wand x_0 durch eine geeignete Parameterkombination zwischen p; q; x_0 erreicht werden. Wir finden sie aus der Haftbedingung. Für Polynomlösungen erhalten wir daraus nur diskrete Wertetripel; für $q > 1$ stellt die Haftbedingung einen funktionalen Zusammenhang dar zwischen p; q; x_0.

Die logarithmische Ableitung in Gl. (31) können wir nach einer kurzen Umformung in einen Kettenbruch entwickeln (Gaußscher Kettenbruch). Diese Entwicklung läßt sich bei nichtpolynomialem $F(\alpha, \beta, \gamma; z)$ mit gut kontrollierbarem Fehler abbrechen. Ist nun $F(\alpha, \beta, \gamma; z)$ ein Polynom, dann bricht der Kettenbruch von alleine ab. Wir finden zusammengehörige Parametertripel auf folgende Weise:

Der durch Gl. (31) aufgezeichnete Zusammenhang zwischen λ_e; μ_e wird bei Polynomen für festes x_o;N (Polynomgrad) mit der Polynombedingung in einer λ;μ-Ebene zum Schnitt gebracht. Unter den Schnittpunktskoordinaten ist ein Eigenwertpaar λ_e; μ_e.

Zur Bestimmung der Eigenwerte für Polynomlösungen erscheint uns ein etwas abgeändertes, aber dem Wesen nach nicht verschiedenes Verfahren günstiger. Der Vorteil beruht darin, daß von Anfang an schon Haft- und Polynombedingung miteinander verbunden werden ([1] S.37).

a) Bei Polynomlösungen

stehen zum Auffinden der Parameter zur Verfügung:

$$(2N + \lambda + \mu - 1)^2 = 1 + \frac{\lambda(\lambda - 2)}{z_o} + \frac{\mu(\mu - 2)}{1 - z_o}$$

$$\frac{\dot{F}(\alpha, \beta, \gamma; z_o)}{F(\alpha, \beta, \gamma; z_o} = \frac{(\lambda + \mu) z_o - \lambda}{2 z_o (1 - z_o)}$$

Dies sind für reelle λ;μ zwei Gleichungen für N;z_o;λ;μ.

Ist λ reell und μ komplex, dann gibt es keine brauchbaren Polynomlösungen (vgl. Abschnitt 12a).

Mit der Nullpunktverschiebung $u = x - x_o$ wird die Haftbedingung zweigliedrig und aus der Differentialgleichung (36) entsteht mittels der Abkürzungen:

(38) $$\sigma \equiv \lambda + \mu \qquad \tau \equiv (\lambda - \mu) + (\lambda + \mu - 2)\, x_o$$

die Differentialgleichung

(39) $$\left[(n + x_o)^2 - 1\right] w'' + (\sigma n + \tau + 2x_o)\, w' - N(N + \sigma - 1)\, w = 0$$

Wir lösen sie mit einem Polynomansatz.
Die zugehörige dreigliedrige Rekursion für die Koeffizienten a_n:

$$c_n a_n + b_n a_{n+1} - a_{n+2} = 0$$

umfaßt mit n = -1 auch die Haftbedingung, wenn wir setzen:

$$b_{-1} = \frac{\tau + 2x_o}{2(1 - x_o^2)}\ ; \quad c_{-1} = 0; \qquad b_n = \frac{\tau + 2x_o(1+n)}{(2+n)(1 - x_o^2)}\ ; \quad c_n = \frac{n(\sigma - 1 + n) - N(\sigma - 1 + N)}{(1+n)(2+n)(1 - x_o^2)}$$

Sie liefert ein lineares System von (N+1) Gleichungen für die a_n, das nur bei verschwindender Koeffizientendeterminante nichttriviale Lösungen besitzt. Diese Determinante entwickeln wir in einen Kettenbruch (vgl. [1], S. 41), der sich nach Kürzen gemeinsamer Faktoren in die folgende Form bringen läßt: ([1] S. 42).

$$0 = 1 + \frac{k_1|}{|1} + \frac{k_2|}{|1} + \ldots + k_N$$

Die Abkürzungen k_ν bezeichnen

$$(40) \qquad k_n = -\frac{n(2N + \sigma - n + 1)(1 - x_o^2)}{\left[\tau + 2x_o(N-n)\right]\left[\tau + 2x_o(N-n+1)\right]} \qquad n < N$$

$$k_N = -\frac{2N(N + \sigma - 1)(1 - x_o^2)}{(\tau + 2x_o)^2}$$

Unser Ziel ist es nun, diese Gleichung, in die σ; τ; x_o eingeht, als Funktion von σ und x_o allein darzustellen, d.h. τ zu eliminieren. Dazu trennen wir gerade und ungerade τ-Potenzen voneinander und quadrieren:

$$\left(\sum d^N_{2n+1}\,\tau^{2n+1}\right)^2 = \left(\sum d^N_{2n}\,\tau^{2n}\right)^2, \quad d^N_{N+1} \equiv 1$$

Wir erhalten so ein Polynom von Grade (N+1) in τ^2. Hieraus beseitigen wir τ^2 unter Hinzunahme der mit Gl. (38) modifizierten Polynombedingung:

$$(41) \qquad \tau^2 = 4\,x_o^2 + \left[4\,N(N - 1) + 2(2N + 1)\sigma\right](1 - x_o^2)$$

Das Ergebnis ist eine algebraische Gleichung (N+1).Grades in σ. Ihre betragsmäßig kleinste Wurzel bestimmt einen Eigenwert, wie wir noch zeigen werden.

Es folgen für einige N die Koeffizienten d^N_n:

N = 1: $d_o^1 = 4x_o^2 - 2(1-x_o^2)\sigma$

$d_1^1 = 4x_o$

N = 2: $d_o^2 = 16x_o^3 - x_o(1-x_o^2)(18\sigma+20)$

$d_1^2 = 20x_o^2 - (1-x_o^2)(5\sigma+6)$

$d_2^2 = 8x_o$

N = 3: $d_o^3 = 96x_o^4 - x_o^2(1-x_o^2)(172\sigma+376) + (1-x_o^2)(6\sigma+24)$

$d_1^3 = 136x_o^3 - x_o(1-x_o^2)(80\sigma+184)$

$d_2^3 = 68x_o^2 - (1-x_o^2)(9\sigma+22)$

$d_3^3 = 14x_o$

N = 4: $d_o^4 = 768x_o^5 - x_o^3(1-x_o^2)(1904\sigma+6176) + x_o(1-x_o^2)^2(166\sigma^2+1372\sigma+2640)$

$d_1^4 = 1184x_o^4 - x_o^2(1-x_o^2)(1152\sigma+3888) + (1-x_o^2)^2(27\sigma^2+230\sigma+456)$

$d_2^4 = 680x_o^3 - x_o(1-x_o^2)(224\sigma+792$

$d_3^4 = 180x_o^2 - (1-x_o^2)(14\sigma+32)$

$d_4^4 = 22x_o$

N = 5: $d_o^5 = 7680x_o^6 - (1-x_o^2)x_o^4(24416\sigma+104768) +$

$+ (1-x_o^2)^2 x_o^2(3660\sigma^2 + 38392\sigma + 95776) -$

$- 30(\sigma+8)(\sigma+6)(\sigma+4)(1-x_o^2)^3$

$d_1^5 = 12608x_o^5 - (1-x_o^2)x_o^3(17488\sigma + 77568) +$

$+ (1-x_o^2)^2 x_o(1060\sigma^2 + 11416\sigma^2 + 29216)$

$d_2^5 = 5904x_o^4 - (1-x_o^2)x_o^2(4494\sigma+20624) + (1-x_o^2)^2(75\sigma^2+830\sigma+2184)$

$d_3^5 = 2012x_o^3 - (1-x_o^2)(500\sigma+2400)x_o$

$d_4^5 = 374x_o^2 - (1-x_o^2)(20\sigma+100)$

$d_5^5 = 32x_o$

b) Die Wurzeln der σ-Gleichung

Es dürfen bei unseren Jacobi-Polynomen im Intervall $-1 < x < +1$ keine Nullstellen auftreten, da sonst $\phi(x)$ an diesen Stellen divergieren würde.

Nach Überlegungen von F.KLEIN [8] ergibt sich für unsere Polynomlösungen folgendes Schema:

	$\mu \geqq 1$	$\mu \leqq 1$
$\lambda \geqq 1$	$N \leqq 0$	$N + \mu - 1 \leqq 0$ $-N - \lambda - \mu + 1 \leqq 0$
$\lambda \leqq 1$	$N + \lambda - 1 \leqq 0$ $-N - \lambda - \mu + 1 \leqq 0$	$N + \lambda + \mu - 2 \leqq 0$ $-N - \lambda \leqq 0$ $-N - \mu \leqq 0$ $\Gamma(-2N - \lambda - \mu + 2) > 0$ $\Gamma(\lambda) \cdot \Gamma(-N - \mu + 1) > 0$ $\Gamma(\mu) \cdot \Gamma(-N - \lambda + 1) > 0$

Wir entnehmen daraus Abschätzungen für die Parameter $\lambda ; \mu$. Eine bedeutende Verschärfung dieser Abschätzungen erreichen wir dadurch, daß für reelle $\lambda ; \mu$ das nach Gl. (38) gebildete $\tau^2 > 0$ sein muß, was, auf die Polynombedingung übertragen, zur Folge hat:

$$\sigma \equiv \lambda + \mu \geqq -N + \frac{3}{2} - \frac{1}{2N+1} \cdot \frac{3 - x_0^2}{2(1 - x_0^2)} \tag{42}$$

So ist also für:

$\lambda \geqq 1 \; ; \quad \mu \geqq 1 \quad$ keine Polynomlösung singularitätenfrei.

$\lambda \geqq 1 \; ; \quad \mu \leqq 1 \quad 1 - \lambda \leqq N + \mu \leqq 1$

$$-N + \frac{3}{2} - \frac{3 - x_0^2}{2(2N+1)(1 - x_0^2)} \leqq \sigma_e \leqq 1 - N - \lambda \tag{43}$$

$\lambda \leqq 1 \; ; \quad \mu \leqq 1 \quad 0 \leqq N + \mu \leqq 2 - \lambda$

$$-N + \frac{3}{2} - \frac{3 - x_0^2}{2(2N + 1)(1 - x_0^2)} \leqq \sigma \leqq -N + 2 \tag{44}$$

Die im vorigen Schema aufgeführte Forderung $\Gamma(-2N-\lambda-\mu+2)>0$ läßt sich erfüllen, wenn wir folgende Ungleichung beachten:

(45) $$-2n < -2N-\lambda-\mu+2 < -(2n-1) \qquad n>0;\ \text{ganz}$$

Nach dem Schema ist aber: $-N < -2N-\lambda-\mu+2$ und damit gilt für:

$$\begin{array}{ll} N \text{ gerade:} & \sigma < 2-N \\ N \text{ ungerade:} & \sigma < 1-N \end{array}$$

Ein Vergleich von Gl. (43) und Gl. (44) ergibt:

(46) $$\begin{array}{ll} N \text{ gerade:} & |\sigma_e| < \frac{1}{2} + |\sigma| \\ N \text{ ungerade:} & |\sigma_e| < |\sigma| \end{array}$$

Demnach sind - zunächst für ungerades N - die Wurzeln der σ-Gleichungen, die ein $\lambda>1$ enthalten, betragsmäßig kleiner als alle weiteren. Dasselbe läßt sich für die geraden N zeigen.

Aus den eben behandelten Abschätzungen und aus der Polynombedingung folgt, daß

(47) $$\lim_{N\to\infty} |\sigma| = \infty \qquad \text{für alle Wurzeln } \sigma,$$

ob nun $\lambda \gtreqless 1$ oder $\lambda \lesseqgtr 1$ ist.

Demnach muß mindestens einer der Parameter $\lambda;\mu$ mit $N\to\infty$ divergieren. Wir zeigen, daß es beide tun. Also ist eine asymptotische Entwicklung der Lösungen für sehr große N zugleich auch eine solche für sehr große Quellstärkenparameter und daher im Hinblick auf Gl. (49) eine Lösung der Grenzschichtdifferentialgleichung.

Eine ungefähre Übersicht über $\lambda=\lambda(N)$ bei $\lambda;\mu \lesseqgtr 0$ verschaffen wir uns schnell mit Hilfe des Sonderfalles $\lambda=\mu$.

$$x_0 = 0 \quad : \quad \lambda = -N + \frac{3}{4} - \frac{3}{4(4N+1)}$$

$$x_0 \neq 0 \quad : \quad \lambda \approx -N\left[1 - \frac{1-(1-\frac{1}{N})\sqrt{1-x_0^2}}{x_0^2}\right]$$

Im Sonderfall $x_0 = 0$ bringt die numerische Rechnung den funktionalen Zusammenhang ([1] S.57):

(48) $$\mu_e = -N + C(N)$$

Er kann bereits für kleine N schon durch seine Asymptote $C = \bar{C}$ ersetzt werden (vgl. [1], Tabelle S. 15). Aus dem zur Verfügung stehenden Zahlenmaterial entnehmen wir $\bar{C} = 0{,}793$. Über Gl. (48) errechnen wir aus der Polynombedingung Gl. (34) eine funktionale Beziehung zwischen $\lambda_e ; \mu_e$:

$$(\lambda_e - \mu_e + 2C - 1)^2 = 2(\lambda_e - 1)^2 + 2(\mu_e - 1)^2 - 3$$

Sie ist wegen der Stetigkeit der Lösungen $\Phi(x)$ bezüglich der Quellstärkenparameter für jedes $\lambda > 1$ zu gebrauchen.

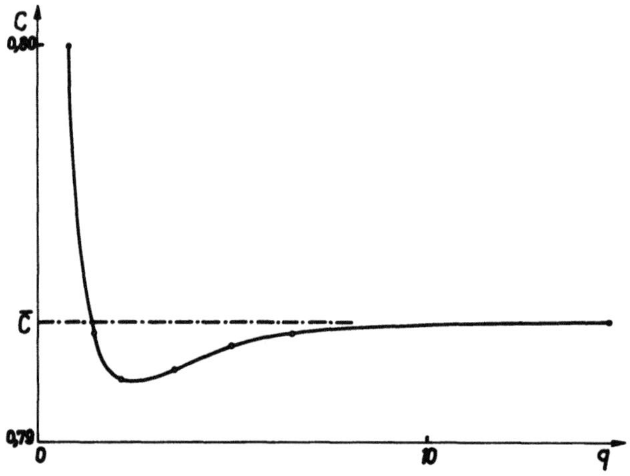

A b b i l d u n g 22

Aus diesem λ_e-C-Diagramm entnehmen wir die jeweiligen C-Werte.

Die Behauptung, wonach beide Parameter $\lambda ; \mu$ mit $N \rightarrow \infty$ divergieren, können wir jetzt sofort für $x_o = 0$ beweisen. Wir ziehen dazu Gl. (48) heran und setzen es in die Polynombedingung ein:

$$\lambda_e = N + 1 + \bar{C} - \sqrt{4N(2\bar{C} - 1) - 2 + 4\bar{C}}$$

Für $\lambda < 1$ benutzen wir die Definition von τ und die Ungleichung (44):

$$2\lambda = - N + C \pm \sqrt{2N(2C - 3) + 2C}$$

$$2\mu = - N + C \mp \sqrt{2N(2C - 3) + 2C}$$

Beide Parameter $\lambda ; \mu$ divergieren in jedem Falle $\sim N$.

Auf gleiche Art läßt sich der Nachweis auch für $x_o \neq 0$ erbringen.

11. Übergang zur Lösung der Grenzschicht-Differentialgleichung

Der vorangehende Abschnitt veranlaßt uns dazu, die Lösung für große $\lambda;\mu$-Werte zu untersuchen.

Über die Zähigkeit ν haben wir bisher keinerlei Aussagen gemacht. Ziehen wir nun die zu Anfang dieser Arbeit verwendete Relation Gl. (5) heran, dann ist mit

$$\lim_{\substack{\nu \to 0 \\ q \to \infty}} 2\nu q = q^* \neq 0, \quad \text{endlich} \tag{49}$$

das Integral $\phi(x)$ für große Parameterwerte mit verschwindendem ν eine Lösung der Grenzschicht-Differentialgleichung. Wir wollen nun diese Lösung aufsuchen.

DARBOUX [9] hat eine Methode geschaffen, um asymptotische Ausdrücke für Polynome von hohem Polynomgrad herzuleiten. Ausgangspunkt ist dabei die erzeugende Funktion. Dieser Arbeit zufolge können wir eine Annäherung des Verlaufs von Jacobi-Polynomen für $N \to \infty$ im Intervall $-1 < x < +1$ erhalten. Sie ist gegeben durch:

$$P_N^{(\lambda-1;\mu-1)}(\cos\vartheta) \approx \frac{1}{\sqrt{\pi N}} \left(\sin\frac{\vartheta}{2}\right)^{-\lambda+\frac{1}{2}} \left(\cos\frac{\vartheta}{2}\right)^{-\mu+\frac{1}{2}} \cdot \cos\left(z\vartheta - \frac{2\lambda-1}{4}\pi\right) + O\left\{N^{-3/2}\right\} \tag{50}$$

$$2z \equiv 2N + \lambda + \mu - 1$$

und für beliebige reelle $\lambda;\mu$-Werte sehr gut brauchbar. Wir setzen diesen Ausdruck unter Berücksichtigung von $A = 0$ in die Lösung (29) ein:

$$\phi(\cos\vartheta) = \nu\left\{(\lambda+\mu)\cos\vartheta + (\lambda-\mu) - 2(N+\lambda+\mu-1)\sin\vartheta \cdot \mathrm{tg}\left(z\vartheta - \frac{2\lambda-1}{4}\pi\right)\right\} \tag{51}$$

Für zunehmendes N rücken die Näherungsausdrücke Gl. (51) praktisch immer dichter aneinander. Unter Verwendung des engen Zusammenhanges zwischen N und den Quellstärkenparametern, dürfen wir N durch sie ausdrücken. Damit wird aus den einzelnen, zu diskreten Parameterwerten gehörigen Integralen $\phi(x)$ im asymptotischen Falle eine Lösungsschar mit kontinuierlichem $\lambda;\mu$-Spektrum, oder anders ausgedrückt: Asymptotische Polynomlösungen für große N sind mit $2\nu q \to q^*$ Lösungen der Grenzschicht-Differentialgleichung.

Den Polynomgrad N eliminieren wir aus Gl. (51) mit dem Ansatz (s.S. 46):

(52) $$\sigma = - N + \bar{C}(x_o) + L \cdot \lambda$$

wobei $\bar{C}(x_o)$ und L im allgemeinen noch unbekannt sind. Wir bestimmen $\bar{C}(x_o)$ aus Gl. (52) und der Polynombedingung Gl. (34) als Funktion von $\lambda; \mu; x_o; L$ und setzen es in Gl. (51) ein. Die Haftbedingung $\phi(x_o) = 0$ gibt eine Gleichung für L. Die Bestimmung von L aus der Haftbedingung entfällt für:

$\lambda \leqq 1 \; ; \; \mu \leqq 1$ x_o beliebig, da nach Gl. (44): $L = 0$

$\lambda > 1 \; ; \; \mu \leqq 1$ $x_o = 0$ Gl. (43): $L = 1$

Alle Koeffizienten von

(53) $$\phi(\cos\vartheta) = \nu \left\{ (\lambda+\mu)\cos\vartheta + (\lambda-\mu) - 2(\bar{C} - L\lambda - 1)\sin\vartheta \cdot tg\left(z\vartheta - \frac{2\lambda - 1}{4}\pi\right) \right\}$$
$$2z = 2\bar{C} + (2\bar{C} - 1)\lambda - 1$$

sind durch $\lambda; \mu; x_o$ auszudrücken.

Entwickeln wir nun diese Lösung nach fallenden Potenzen der Quellstärkenparameter, so können wir den Grenzübergang $2\nu q \longrightarrow q^*$ vollziehen und das Ergebnis ist die Grenzschichtlösung. Wir begnügen uns mit dem bisher Gesagten und verzichten auf die Durchführung des Grenzüberganges.

12. Weitere Lösungen der Riccati-Differentialgleichung

a) Polynomlösungen

Für unser Problem gibt es noch eine ganze Reihe weiterer geschlossen angebbarer Lösungen, die wir, um den Gang der vorstehenden Betrachtungen nicht zu stören, mit einem kurzen Hinweis auf diesen Abschnitt dort ausgelassen haben.

Die Betrachtungen des 1o. Abschnittes über die Bestimmung zusammengehöriger Wertetripel p; q; x_o, wenn $A = 0$, d.h. für die eine Fundamentallösung $w_1 = F(\alpha, \beta, \gamma; z)$, läßt sich ohne weiteres sofort auf den Fall $A = \infty$, d.h. auf die zweite Fundamentallösung w_2 übertragen, wenn wir setzen:

$$\alpha_1 \equiv \alpha - \gamma + 1 \qquad \beta_1 \equiv \beta - \gamma + 1 \qquad \gamma_1 \equiv 2 - \gamma$$

Anstelle von $\lambda; \mu; \sigma; \tau$ treten nun $\lambda_1; \mu_1; \sigma_1 \equiv \lambda_1 + \mu_1$; $\tau_1 \equiv (\lambda_1 - \mu_1) + (\lambda_1 + \mu_1 - 2)x_o$

Wir können diese modifizierten Parameter sofort aus den den Gleichungen (26) und (28) entsprechenden Relationen zwischen diesen Größen errechnen.

Für einzelne α; β; γ stellen zugleich beide voneinander linear-unabhängige Grundlösungen w_1 und w_2 Polynomlösungen dar.

Der Sonderfall $\lambda = \mu$ führt auf die sogenannten "ultrasphärischen Polynome".

Der letzte Fall möglicher Polynomlösungen wird durch die Differentialgleichung (33) und die Bedingung Gleichung (35) erfaßt, wenn wir dort $\delta \neq 0$ setzen. Bleibt die triviale Lösung $w = w_1 \equiv 0$ unbeachtet, dann muß erfüllt sein:

$$\delta + (\varrho + 1)(\gamma + \varrho) = 0 \qquad 0 \leqq \varrho + 1 \leqq N - 1; \quad \text{ganz}$$

Dabei sind die Koeffizienten des Reihenansatzes $a_\nu \equiv 0$, solange ihr Index $\nu \leqq \varrho$. Die Differentialgleichung (33) hat nun die polynomialen Integrale ($a_{\varrho+1} \equiv 1$):

$$(54) \qquad w_1 = z^{\varrho+1} + \sum_{n=\varrho+2}^{N} z^n \left\{ \prod_{\nu=\varrho+1}^{n-1} \frac{(\alpha+\nu)(\beta+\nu)}{(\nu+1)(\gamma+\nu) + \delta} \right\}$$

deren Parameter α; β; γ; δ für gegebenes λ; μ; x_0 wir aus Gleichung (28) und Gleichung (33) entnehmen.

Eine geeignete Auswahl von p; q; x_0 ermöglicht in all diesen Fällen Haftlösungen.

Polynomiale Haftlösungen sind für q = 0 nicht möglich; dies entnehmen wir den σ-Gleichungen (vgl. Abschnitt 1o). Doch lassen sich über die rationalen Partikularintegrale der Riccati-Differentialgleichung geschlossene Haftlösungen angeben.

b) Haftlösung über ein Partikularintegral

Mit den von uns angegebenen Polynomen lassen sich, falls sie nicht selbst Haftlösungen bringen, Integrale konstruieren, mit denen wir eine an der Wand x_0 haftende Strömung beschreiben können. Die Riccati-Differentialgleichung und die lineare Differentialgleichung 2.Ordnung gestatten bekanntlich, zu einer Teillösung durch einfache Quadratur das vollständige Integral zu bestimmen, das dann auch die gesuchte Haftlösung umfaßt.

Falls die Riccati-Differentialgleichung (12) mit zahlenmäßig festgelegten Koeffizienten a; b; c vorgegeben, dann ist es in einigen Fällen möglich, die Koeffizienten auf zweierlei Art zu deuten. Ihre Symmetrie bezüglich der Parameter p;q gestattet dies. Wenn der Charakter der zugehörigen Singularität es zuläßt (vgl. Abschnitt 3), kann man $q \longleftrightarrow 2-q$ bzw. $p \longleftrightarrow 2-p$

ersetzen. Dies erlaubt gegebenenfalls noch weitere Haftlösungen für dieselbe Differentialgleichung. Geht die eine davon durch einen Sattelpunkt S, dann geht die neue durch den zugehörigen Knotenpunkt K und umgekehrt. Jede dieser Lösungen haftet natürlich an einem anderen Kegel. In Abbildung 23 sind zwei zu derselben Differentialgleichung (12) gehörende Haftlösungen aufgetragen. q wurde bei der zweiten Kurve durch 2-q ersetzt.

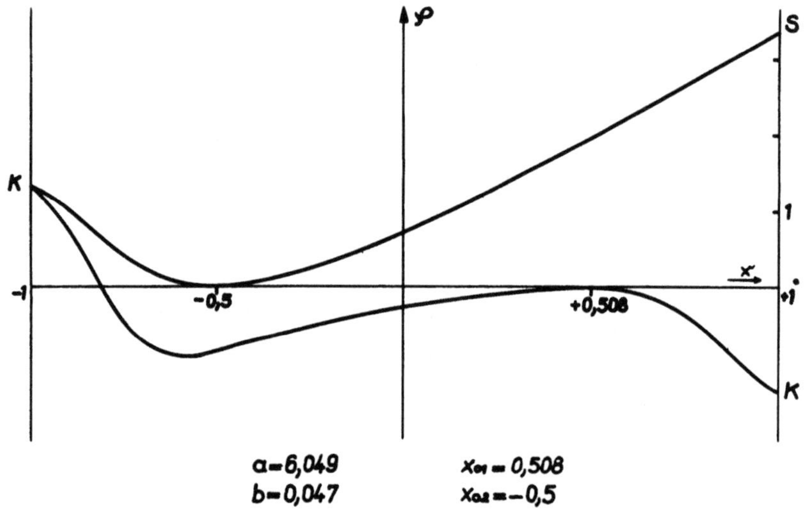

A b b i l d u n g 23

Haften an der Wand x_o verlangt notwendig:

$$ax_o^2 + bx_o + c = 0$$

Diese Gleichung hat für vorgegebenes a;b;c zwei Wurzeln:

$$x_o = \frac{1}{2a}\left[-b \pm \sqrt{b^2 - 4ac}\right]$$

Physikalisch sinnvoll sind diese nur für:

$$-1 < x_o < +1 \qquad \text{und} \qquad b^2 \geqq 4ac$$

Es gibt eine brauchbare Wurzel, wenn

$$2|a| - |b| > -\sqrt{b^2 - 4ac}$$

zwei brauchbare Wurzeln, wenn

$$2|a| - |b| < +\sqrt{b^2 - 4ac}$$

Ist die eine davon x_{o1}, dann folgt die andere zu

(55) $$x_{o2} = -\frac{b}{a} - x_{o1}$$

c) Abänderung der Randbedingungen

An verschiedenen Stellen der vorliegenden Arbeit wurde darauf hingewiesen, daß man in diesem oder jenem Falle statt der Bedingung auf der Achse $x = 1$ besser solche auf einem Kegel um diese Achse vorschreibt. Macht man von solchen Abänderungen Gebrauch, dann lassen sich eine Anzahl weiterer physikalisch interessanter Strömungen erfassen.

Alle stationären, rotationssymmetrischen Strömungen, für die die Stokessche Stromfunktion von der Form Gl. (1) ist, d.h. die affinen Strömungen, werden durch die allgemeinste Form der Randbedingungen erfaßt, welche lautet für zwei voneinander verschiedene Kreiskegel mit $x = 1$ als Drehachse:

Vorgegeben sind $v_\vartheta(x_0)$; $v_R(x_0)$ auf $x = x_0$

$v_\vartheta(x_1)$; $v_R(x_1)$ auf $x = x_1$

Zur Einarbeitung dieser Bedingungen gehen wir auf die Differentialgleichung (12) zurück:

$x = x_0$: $\quad \varphi = S \qquad \varphi' = T$

$$S^2 = 2x_0 S + (1-x_0^2)T + ax_0^2 + bx_0 + c$$

$x = x_1$: $\quad \varphi = U \qquad \varphi' = V$

$$U^2 = 2x_1 U + (1-x_1^2)V + ax_1^2 + bx_1 + c$$

Die Integrationskonstanten a; b; c lassen sich, trotzdem wir vier Bedingungen zur Verfügung haben, nicht eindeutig festlegen; noch immer bleibt ein Parameter frei. Wir können diesem eine physikalische Bedeutung zumessen, wenn wir noch eine geeignete Bedingung heranziehen, z.B.

3a) $\varphi(-1) = -p$; $\varphi'(-1)$ beschränkt
(p als Intensität des Quellfadens $x = -1$) oder

3b) $\varphi''(x_0) = \varphi''_0$
(φ''_0 als Anstieg des Grenzschichtprofils bei x_0, falls die Flüssigkeit dort haftet)

Das Problem ist dann für willkürlich gewählte S; T; U; V; p oder Φ''_0 oder ..... einfach überbestimmt. Es liegt also in jedem Falle eine Eigenwertaufgabe vor. Einer dieser Parameter stellt den Eigenwert dar; welchen davon man als solchen wählt, ist gleichgültig.

Unsere bisherigen Lösungen können wir unter dem Sonderfall zusammenfassen:

$$x = x_0: \quad S = T = 0; \qquad x_1 = 1: \quad U = q$$

Mit dem Einführen dieser verallgemeinerten Randbedingungen werden auch die von SQUIRE gefundenen Lösungen erfaßt. Sie gliedern sich systematisch in unsere Lösungsmannigfaltigkeit ein.

13. Zusammenfassung

Für Strömungen reibender Flüssigkeiten in Kreiskegeldüsen von beliebigem Öffnungswinkel werden die Navier-Stokes-Gleichungen exakt integriert und insbesondere die auftretenden rationalen Lösungen diskutiert. Es zeigt sich, daß beim Senkenfaden mit der Ergiebigkeit $\geqq 2\nu$ die Strömung durch Vorgabe von Intensität und Kegelöffnungswinkel eindeutig fixiert ist, was nicht zutrifft für Quell-Senkenstärken $< 2\nu$, hier ist noch die Steigung des Grenzschichtprofils an der Kegelwand in angebbaren Grenzen frei wählbar. Der runde Strahl, der von einer Kreiskegeldüse ausgeht, und das ihm entsprechende Absaugen durch eine kleine Öffnung sind Sonderfälle dieser strengen Lösungen.

Die vorliegenden Ergebnisse werden augenblicklich dahingehend erweitert, daß dem Quell-Senkenfaden noch ein Potentialwinkel zugefügt wird.

Dipl.-Math. Karl-Heinz MÜLLER, Darmstadt

14. Anhang

Ergänzungen zu:

Seite 27: Um zu prüfen, ob die Funktionen, die wir nach Abschnitt 12b konstruieren, auch der Bedingung $\phi(\pm 1) = \genfrac{}{}{0pt}{}{2\nu\,q}{-2\nu\,p}$ genügen, nähern wir uns mit ihnen den singulären Stellen der Differentialgleichung (9). Dabei tritt in dem Ausdruck für $\phi(x)$ ein Grenzwert auf von der Form:

$$(56) \qquad G = \lim_{x \to \gamma} (x-\gamma)^{\delta-1} \int \frac{g(x)\,dx}{(x-\gamma)^{\delta}}$$

Mehrfache partielle Integration dieser Grenzwertrelation führt, wenn $g(x)$ bei $x = \gamma$ n-mal stetig differenzierbar und δ nicht ganz ist, auf

$$G = -\frac{1}{\delta-1} g(\gamma) + \frac{1}{\prod_{1}^{n}(\delta-n)} \lim_{x \to \gamma} (x-\gamma)^{\delta-1} \int \frac{g^{(n)}(x)\,dx}{(x-\gamma)^{\delta-n}}$$

Dabei integrieren wir solange, bis $n > \delta$, d.h. der zweite Summand für $x \to \gamma$ verschwindet. Der Grenzwert ist:

$$(57) \qquad G = \frac{1}{1-\delta} \cdot g(\gamma)$$

Wir wenden ihn für die singulären Stellen an.

Für reelle $\quad \lambda \genfrac{}{}{0pt}{}{\leq 1}{> 1} \qquad \phi(+1) = \genfrac{}{}{0pt}{}{2\nu\lambda}{2\nu(2-\lambda)}$

$\qquad\qquad\quad \mu \genfrac{}{}{0pt}{}{\leq 1}{> 1} \qquad \phi(-1) = \genfrac{}{}{0pt}{}{-2\nu\mu}{-2\nu(2-\mu)}$

Für $\mu = 1 \pm ir$ zeigt sich, setzt man zur Abkürzung:

$$C(-2)^{\lambda}(\mu-1)w_1^2(-1) \equiv e^{i\omega}; \quad \omega \text{ reell}$$

daß die Lösung $\phi(x)$ jetzt bei $x = -1$ divergiert. Die Singularität ist:

$$\phi = \lim_{x \to -1} \frac{\Omega}{1 - \cos\{\omega + r \cdot \ln(1+x)\}} \omega; \quad \Omega \text{ reell}$$

Eine analoge Betrachtung gilt für $x = +1$ und $\lambda = 1 \pm is$.

Seite 35: In der allgemeinen Lösung der Riccati-Differentialgleichung $\phi(x)$ ist, wenn sie in $x_0 \leq x \leq 1$ reell sein soll, notwendig $\Im\{\phi\} \equiv 0$.

Setzen wir $\phi(1) = 2\nu q$, dann muß q reell sein, weil sonst diese Bedingung der Forderung nach einer überall im genannten Raumteil reellen Lösung widerspricht, oder die Lösung mit der Annäherung an die Achse $x = 1$ über alle Grenzen wächst und damit Gleichung (5) nicht erfüllt. Soll es aber eine reelle Lösung für komplexes q geben, dann müssen wir dem Parameter q eine andere Bedeutung zumessen, z.B. statt Gleichung (5) die Geschwindigkeit auf einem Kegel $x_1 \neq x_0$ um $x = 1$ vorschreiben.

Seite 39: Für λ reell, $\mu = 1 \pm ir$ gibt es keine brauchbaren Polynomlösungen. Es muß nämlich $\lim_{x \to -1} \phi(x) = \infty$, da die Randbedingung $\phi(-1) = -2\nu\mu$ nicht erfüllbar ist mit einem in $-1 < x < +1$ reellen $\phi(x)$. Dies läßt sich im Falle der Polynomlösung nur mit einer bei $x = -1$ verschwindenden hypergeometrischen Funktion erreichen. Da diese aber nur Nullstellen ersten Grades hat, ist diese Singularität wegen des Vorfaktors $(1-x^2)$ hebbar und $\phi(x)$ regulär bei $x = -1$.

Seite 37: Für die Existenz einer Polynomlösung notwendig ist die mittels der Koeffizienten a; b; c angeschriebene Bedingung:

$$\left(\frac{b^2 + 2a - 2c - 4ac}{a - c}\right)^2 = 4(1 + 4a) \tag{58}$$

Zwar ist

$$\phi = \nu\left(1 \pm \sqrt{1 + 4a}\right)\left(\frac{b}{2a} + x\right) \tag{59}$$

mit (58) ein Partikularintegral von Gleichung (9) das natürlich nicht der Haftbedingung genügen wird, aber es läßt sich mit ihm eine Haftlösung konstruieren.

15. Schrifttum

[1] SCHMIEDEN, C. und K.-H. MÜLLER — Die Strömung einer Quellstrecke im Halbraum - eine strenge Lösung der Navier-Stokes-Gleichungen. DVL-Bericht 1o (1956)

[2] GOLDSTEIN, S. — A note on the boundary layer equations. Proc.Cambr.Phil.Soc. 35 (1939)

[3] MANGLER, W. — Die "ähnlichen" Lösungen der Prandtlschen Grenzschichtgleichungen. ZAMM 23 (1943) S. 241

[4] SCHLICHTING, H. — Laminare Strahlausbreitung. ZAMM 13 (1933) S. 26o

[5] SQUIRE, H.B. — The round laminar jet. Quart.J.Mech.App.Math. 4 (1951) S. 321

[6] SQUIRE, H.B. — Some viscous Fluit flow problems. Phil.Mag.Ser. 7 43 (1952) S. 942

[7] SQUIRE, H.B. — Radial jets. "5o Jahre Grenzschichtforschung" Braunschweig 1955

[8] KLEIN, F. — Über die Nullstellen der hypergeometrischen Reihe. Ges.math.Abh. Bd. 2 Berlin 1922, S. 55o

[9] DARBOUX, M.G. — Memoire sur l'approximation des fonctions de très-grands nombres. Journal d. Math. Paris 1876

FORSCHUNGSBERICHTE
DES WIRTSCHAFTS- UND VERKEHRSMINISTERIUMS
NORDRHEIN-WESTFALEN

Herausgegeben von Staatssekretär Prof. Leo Brandt

HEFT 1
Prof. Dr.-Ing. E. Flegler, Aachen
Untersuchungen oxydischer Ferromagnet-Werkstoffe
1952, 20 Seiten, DM 6,75

HEFT 2
Prof. Dr. W. Fuchs, Aachen
Untersuchungen über absatzfreie Teeröle
1952, 32 Seiten, 5 Abb., 6 Tabellen, DM 10,—

HEFT 3
Techn.-Wissenschaftl. Büro für die Bastfaserindustrie, Bielefeld
Untersuchungsarbeiten zur Verbesserung des Leinenwebstuhls
1952, 44 Seiten, 7 Abb., 3 Tabellen, DM 12,50

HEFT 4
Prof. Dr. E. A. Müller und Dipl.-Ing. H. Spitzer, Dortmund
Untersuchungen über die Hitzebelastung in Hüttenbetrieben
1952, 28 Seiten, 5 Abb., 1 Tabelle, DM 9,—

HEFT 5
Dipl.-Ing. W. Fister, Aachen
Prüfstand der Turbinenuntersuchungen
1952, 40 Seiten, 30 Abb., 3 Schaltbilder, DM 1,—

HEFT 6
Prof. Dr. W. Fuchs, Aachen
Untersuchungen über die Zusammensetzung und Verwendbarkeit von Schwelteerfraktionen
1952, 36 Seiten, DM 10,50

HEFT 7
Prof. Dr. W. Fuchs, Aachen
Untersuchungen über emsländisches Petrolatum
1952, 36 Seiten, 1 Abb., 17 Tabellen, DM 10,50

HEFT 8
M. E. Meffert und H. Stratmann, Essen
Algen-Großkulturen im Sommer 1951
1953, 52 Seiten, 4 Abb., 20 Tabellen, DM 9,75

HEFT 9
Techn.-Wissenschaftl. Büro für die Bastfaserindustrie, Bielefeld
Untersuchungen über die zweckmäßige Wicklungsart von Leinengarnkreuzspulen unter Berücksichtigung der Anwendung hoher Geschwindigkeiten des Garnes
Vorversuche für Zetteln und Schären von Leinengarnen auf Hochleistungsmaschinen
1952, 48 Seiten, 7 Abb., 7 Tabellen, DM 9,25

HEFT 10
Prof. Dr. W. Vogel, Köln
„Das Streifenpaar" als neues System zur mechanischen Vergrößerung kleiner Verschiebungen und seine technischen Anwendungsmöglichkeiten
1953, 20 Seiten, 6 Abb., DM 4,50

HEFT 11
Laboratorium für Werkzeugmaschinen und Betriebslehre, Technische Hochschule Aachen
1. Untersuchungen über Metallbearbeitung im Fräsvorgang mit Hartmetallwerkzeugen und negativem Spanwinkel
2. Weiterentwicklung des Schleifverfahrens für die Herstellung von Präzisionswerkstücken unter Vermeidung hoher Temperaturen
3. Untersuchung von Oberflächenveredlungsverfahren zur Steigerung der Belastbarkeit hochbeanspruchter Bauteile
1953, 80 Seiten, 61 Abb., DM 15,75

HEFT 12
Elektrowärme-Institut, Langenberg (Rhld.)
Induktive Erwärmung mit Netzfrequenz
1952, 22 Seiten, 6 Abb., DM 5,20

HEFT 13
Techn.-Wissenschaftl. Büro für die Bastfaserindustrie, Bielefeld
Das Naßspinnen von Bastfasergarnen mit chemischen Zusätzen zum Spinnbad
1953, 52 Seiten, 4 Abb., 19 Tabellen, DM 10,—

HEFT 14
Forschungsstelle für Acetylen, Dortmund
Untersuchungen über Aceton als Lösungsmittel für Acetylen
1952, 64 Seiten, 10 Abb., 26 Tabellen, DM 12,25

HEFT 15
Wäschereiforschung Krefeld
Trocknen von Wäschestoffen
1953, 48 Seiten, 14 Abb., 2 Tabellen, DM 9,—

HEFT 16
Max-Planck-Institut für Kohlenforschung, Mülheim a. d. Ruhr
Arbeiten des MPI für Kohlenforschung
1953, 104 Seiten, 9 Abb., DM 17,80

HEFT 17
Ingenieurbüro Herbert Stein, M.-Gladbach
Untersuchung der Verzugsvorgänge in den Streckwerken verschiedener Spinnereimaschinen. 1. Bericht: Vergleichende Prüfung mit verschiedenen Dickenmeßgeräten
1952, 36 Seiten, 15 Abb., DM 8,—

HEFT 18
Wäschereiforschung Krefeld
Grundlagen zur Erfassung der chemischen Schädigung beim Waschen
1953, 68 Seiten, 15 Abb., 15 Tabellen, DM 12,75

HEFT 19
Techn.-Wissenschaftl. Büro für die Bastfaserindustrie, Bielefeld
Die Auswirkung des Schlichtens von Leinengarnketten auf den Verarbeitungswirkungsgrad, sowie die Festigkeit und Dehnungsverhältnisse der Garne und Gewebe
1953, 48 Seiten, 1 Abb., 9 Tabellen, DM 9,—

HEFT 20
Techn.-Wissenschaftl. Büro für die Bastfaserindustrie, Bielefeld
Trocknung von Leinengarnen I
Vorgang und Einwirkung auf die Garnqualität
1953, 62 Seiten, 18 Abb., 5 Tabellen, DM 12,—

HEFT 21
Techn.-Wissenschaftl. Büro für die Bastfaserindustrie, Bielefeld
Trocknung von Leinengarnen II
Spulenanordnung und Luftführung beim Trocknen von Kreuzspulen
1953, 66 Seiten, 22 Abb., 9 Tabellen, DM 13,—

HEFT 22
Techn.-Wissenschaftl. Büro für die Bastfaserindustrie, Bielefeld
Die Reparaturanfälligkeit von Webstühlen
1953, 28 Seiten, 7 Abb., 5 Tabellen, DM 5,80

HEFT 23
Institut für Starkstromtechnik, Aachen
Rechnerische und experimentelle Untersuchungen zur Kenntnis der Metadyne als Umformer von konstanter Spannung auf konstanten Strom
1953, 52 Seiten, 20 Abb., 4 Tafeln, DM 9,75

HEFT 24
Institut für Starkstromtechnik, Aachen
Vergleich verschiedener Generator-Metadyne-Schaltungen in bezug auf statisches Verhalten
1952, 44 Seiten, 23 Abb., DM 8,50

HEFT 25
Gesellschaft für Kohlentechnik mbH., Dortmund-Eving
Struktur der Steinkohlen und Steinkohlen-Kokse
1953, 58 Seiten, DM 11,—

HEFT 26
Techn.-Wissenschaftl. Büro für die Bastfaserindustrie, Bielefeld
Vergleichende Untersuchungen zweier neuzeitlicher Ungleichmäßigkeitsprüfer für Bänder und Garne hinsichtlich ihrer Eignung für die Bastfaserspinnerei
1953, 64 Seiten, 30 Abb., DM 12,50

HEFT 27
Prof. Dr. E. Schratz, Münster
Untersuchungen zur Rentabilität des Arzneipflanzenanbaues Römische Kamille, Anthemis nobilis L.
1953, 16 Seiten, 1 Tabelle, DM 3,60

HEFT 28
Prof. Dr. E. Schratz, Münster
Calendula officinalis L. Studien zur Ernährung, Blütenfüllung und Rentabilität der Drogengewinnung
1953, 24 Seiten, 2 Abb., 3 Tabellen, DM 5,20

HEFT 29
Techn.-Wissenschaftl. Büro für die Bastfaserindustrie, Bielefeld
Die Ausnützung der Leinengarne in Geweben
1953, 100 Seiten, 14 Abb., 10 Tabellen, DM 17,80

HEFT 30
Gesellschaft für Kohlentechnik mbH., Dortmund-Eving
Kombinierte Entaschung und Verschwelung von Steinkohle; Aufarbeitung von Steinkohlenschlämmen zu verkokbarer oder verschwelbarer Kohle
1953, 56 Seiten, 16 Abb., 10 Tabellen, DM 10,50

HEFT 31
Dipl.-Ing. A. Stormanns, Essen
Messung des Leistungsbedarfs von Doppelsteg-Kettenförderern
1954, 54 Seiten, 18 Abb., 3 Anlagen, DM 11,—

HEFT 32
Techn.-Wissenschaftl. Büro für die Bastfaserindustrie, Bielefeld
Der Einfluß der Natriumchloridbleiche auf Qualität und Verwebbarkeit von Leinengarnen und die Eigenschaften der Leinengewebe unter besonderer Berücksichtigung des Einsatzes von Schützen- und Spulenwechselautomaten in der Leinenweberei
1953, 64 Seiten, 2 Abb., 12 Tabellen, DM 11,50

HEFT 33
Kohlenstoffbiologische Forschungsstation e. V.
Eine Methode zur Bestimmung von Schwefeldioxyd und Schwefelwasserstoff in Rauchgasen und in der Atmosphäre
1953, 32 Seiten, 8 Abb., 3 Tabellen, DM 6,50

HEFT 34
Textilforschungsanstalt Krefeld
Quellungs- und Entquellungsvorgänge bei Faserstoffen
1953, 52 Seiten, 13 Abb., 13 Tabellen, DM 9,80

WESTDEUTSCHER VERLAG · KÖLN UND OPLADEN

HEFT 35
Professor Dr. W. Kast, Krefeld
Feinstrukturuntersuchungen an künstlichen Zellulosefasern verschiedener Herstellungsverfahren. Teil I: Der Orientierungszustand
1953, 74 Seiten, 30 Abb., 7 Tabellen, DM 13,80

HEFT 36
Forschungsinstitut der feuerfesten Industrie, Bonn
Untersuchungen über die Trocknung von Rohton
Untersuchungen über die chemische Reinigung von Silika- und Schamotte-Rohstoffen mit chlorhaltigen Gasen
1953, 60 Seiten, 5 Abb., 5 Tabellen, DM 11,—

HEFT 37
Forschungsinstitut der feuerfesten Industrie, Bonn
Untersuchungen über den Einfluß der Probenvorbereitung auf die Kaltdruckfestigkeit feuerfester Steine
1953, 40 Seiten, 2 Abb., 5 Tabellen, DM 7,80

HEFT 38
Forschungsstelle für Acetylen, Dortmund
Untersuchungen über die Trocknung von Acetylen zur Herstellung von Dissousgas
1953, 36 Seiten, 11 Abb., 3 Tabellen, DM 6,80

HEFT 39
Forschungsgesellschaft Blechverarbeitung e. V., Düsseldorf
Untersuchungen an prägegemusterten und vorgelochten Blechen
1953, 46 Seiten, 34 Abb., DM 9,50

HEFT 40
Landesgeologe Dr.-Ing. W. Wolff, Amt für Bodenforschung, Krefeld
Untersuchungen über die Anwendbarkeit geophysikalischer Verfahren zur Untersuchung von Spateisengängen im Siegerland
1953, 46 Seiten, 8 Abb., DM 8,80

HEFT 41
Techn.-Wissenschaftl. Buro für die Bastfaserindustrie, Bielefeld
Untersuchungsarbeiten zur Verbesserung des Leinenwebstuhles II
1953, 40 Seiten, 4 Abb., 5 Tabellen, DM 7,80

HEFT 42
Professor Dr. B. Helferich, Bonn
Untersuchungen über Wirkstoffe — Fermente — in der Kartoffel und die Möglichkeit ihrer Verwendung
1953, 58 Seiten, 9 Abb., DM 11,—

HEFT 43
Forschungsgesellschaft Blechverarbeitung e. V., Düsseldorf
Forschungsergebnisse über das Beizen von Blechen
1953, 48 Seiten, 38 Abb., 2 Tabellen, DM 11,30

HEFT 44
Arbeitsgemeinschaft für praktische Dehnungsmessung, Düsseldorf
Eigenschaften und Anwendungen von Dehnungsmeßstreifen
1953, 68 Seiten, 43 Abb., 2 Tabellen, DM 13,70

HEFT 45
Losenhausenwerk Düsseldorfer Maschinenbau AG., Düsseldorf
Untersuchungen von störenden Einflüssen auf die Lastgrenzenanzeige von Dauerschwingprüfmaschinen
1953, 36 Seiten, 11 Abb., 3 Tabellen, DM 7,25

HEFT 46
Prof. Dr. W. Fuchs, Aachen
Untersuchungen über die Aufbereitung von Wasser für die Dampferzeugung in Benson-Kesseln
1953, 58 Seiten, 18 Abb., 9 Tabellen, DM 11,20

HEFT 47
Prof. Dr.-Ing. K. Krekeler, Aachen
Versuche über die Anwendung der induktiven Erwärmung zum Sintern von hochschmelzenden Metallen sowie zur Anlegierung und Vergütung von aufgespritzten Metallschichten mit dem Grundwerkstoff
1954, 66 Seiten, 39 Abb., DM 13,90

HEFT 48
Max-Planck-Institut für Eisenforschung, Düsseldorf
Spektrochemische Analyse der Gefügebestandteile in Stählen nach ihrer Isolierung
1953, 38 Seiten, 8 Abb., 5 Tabellen, DM 7,80

HEFT 49
Max-Planck-Institut für Eisenforschung, Düsseldorf
Untersuchungen über Ablauf der Desoxydation und die Bildung von Einschlüssen in Stählen
1953, 52 Seiten, 19 Abb., 3 Tabellen, DM 12,40

HEFT 50
Max-Planck-Institut für Eisenforschung, Düsseldorf
Flammenspektralanalytische Untersuchung der Ferritzusammensetzung in Stählen
1953, 44 Seiten, 15 Abb., 4 Tabellen, DM 8,60

HEFT 51
Verein zur Förderung von Forschungs- und Entwicklungsarbeiten in der Werkzeugindustrie e. V., Remscheid
Untersuchungen an Kreissägeblättern für Holz, Fehler- und Spannungsprüfverfahren
1953, 50 Seiten, 23 Abb., DM 10,—

HEFT 52
Forschungsstelle für Acetylen, Dortmund
Untersuchungen über den Umsatz bei der explosiblen Zersetzung von Azetylen
a) Zersetzung von gasförmigem Azetylen
b) Zersetzung von an Silikagel absorbiertem Azetylen
1954, 48 Seiten, 8 Abb., 10 Tabellen, DM 9,25

HEFT 53
Professor Dr.-Ing. H. Opitz, Aachen
Reibwert und Verschleißmessungen an Kunststoffgleitführungen für Werkzeugmaschinen
1954, 38 Seiten, 18 Abb., DM 8,20

HEFT 54
Professor Dr.-Ing. F. A. F. Schmidt, Aachen
Schaffung von Grundlagen für die Erhöhung der spez. Leistung und Herabsetzung des spez. Brennstoffverbrauches bei Ottomotoren mit Teilbericht über Arbeiten an einem neuen Einspritzverfahren
1954, 34 Seiten, 15 Abb., DM 7,40

HEFT 55
Forschungsgesellschaft Blechverarbeitung e. V., Düsseldorf
Chemisches Glänzen von Messing und Neusilber
1954, 50 Seiten, 21 Abb., 1 Tabelle, DM 10,20

HEFT 56
Forschungsgesellschaft Blechverarbeitung e. V., Düsseldorf
Untersuchungen über einige Probleme der Behandlung von Blechoberflächen
1954, 52 Seiten, 42 Abb., DM 11,20

HEFT 57
Prof. Dr.-Ing. F. A. F. Schmidt, Aachen
Untersuchung zur Erforschung des Einflusses des chemischen Aufbaues des Kraftstoffes auf sein Verhalten im Motor und in Brennkammern von Gasturbinen
1954, 70 Seiten, 32 Abb., DM 14,60

HEFT 58
Gesellschaft für Kohlentechnik mbH., Dortmund
Herstellung und Untersuchung von Steinkohlenschwelteer
1954, 74 Seiten, 9 Abb., 9 Tabellen, DM 13,75

HEFT 59
Forschungsinstitut der Feuerfest-Industrie e. V., Bonn
Ein Schnellanalysenverfahren zur Bestimmung von Aluminiumoxyd, Eisenoxyd und Titanoxyd in feuerfestem Material mittels organischer Farbreagenzien auf photometrischem Wege
Untersuchungen des Alkali-Gehaltes feuerfester Stoffe mit dem Flammenphotometer nach Riehm-Lange
1954, 62 Seiten, 12 Abb., 3 Tabellen, DM 11,60

HEFT 60
Forschungsgesellschaft Blechverarbeitung e. V., Düsseldorf
Untersuchungen über das Spritzlackieren im elektrostatischen Hochspannungsfeld
1954, 82 Seiten, 53 Abb., 7 Tabellen, DM 17,—

HEFT 61
Verein zur Förderung von Forschungs- und Entwicklungsarbeiten in der Werkzeugindustrie e. V., Remscheid
Schwingungs- und Arbeitsverhalten von Kreissägeblättern für Holz
1954, 54 Seiten, 31 Abb., DM 11,40

HEFT 62
Professor Dr. W. Franz, Institut für theoretische Physik der Universität Münster
Berechnung des elektrischen Durchschlags durch feste und flüssige Isolatoren
1954, 36 Seiten, DM 7,—

HEFT 63
Textilforschungsanstalt Krefeld
Neue Methoden zur Untersuchung der Wirkungsweise von Textilhilfsmitteln
Untersuchungen über Schlichtungs- und Entschlichtungsvorgänge
1954, 34 Seiten, 1 Abb., 5 Tabellen, DM 6,80

HEFT 64
Textilforschungsanstalt Krefeld
Die Kettenlängenverteilung von hochpolymeren Faserstoffen
Über die fraktionierte Fällung von Polyamiden
1954, 44 Seiten, 13 Abb., DM 8,60

HEFT 65
Fachverband Schneidwarenindustrie, Solingen
Untersuchungen über das elektrolytische Polieren von Tafelmesserklingen aus rostfreiem Stahl
1954, 90 Seiten, 38 Abb., 9 Tabellen, DM 17,35

HEFT 66
Dr.-Ing. P. Füsgen VDI †, Düsseldorf
Untersuchungen über das Auftreten des Ratterns bei selbsthemmenden Schneckengetrieben und seine Verhütung
1954, 32 Seiten, 5 Abb., DM 6,60

HEFT 67
Heinrich Wösthoff o. H. G., Apparatebau, Bochum
Entwicklung einer chemisch-physikalischen Apparatur zur Bestimmung kleinster Kohlenoxyd-Konzentrationen
1954, 94 Seiten, 48 Abb., 2 Tabellen, DM 18,25

HEFT 68
Kohlenstoffbiologische Forschungsstation e. V., Essen
Algengroßkulturen im Sommer 1952
II. Über die unsterile Großkultur von Scenedesmus obliquus
1954, 62 Seiten, 3 Abb., 29 Tabellen, DM 11,40

HEFT 69
Wäschereiforschung Krefeld
Bestimmung des Faserabbaues bei Leinen unter besonderer Berücksichtigung der Leinengarnbleiche
1954, 48 Seiten, 15 Abb., 3 Tabellen, DM 9,60

HEFT 70
Wäschereiforschung Krefeld
Trocknen von Wäschestoffen
1954, 52 Seiten, 18 Abb., 3 Tabellen, DM 10,—

HEFT 71
Prof. Dr.-Ing. K. Leist, Aachen
Kleingasturbinen, insbesondere zum Fahrzeugantrieb
1954, 114 Seiten, 85 Abb., DM 22,—

HEFT 72
Prof. Dr.-Ing. K. Leist, Aachen
Beitrag zur Untersuchung von stehenden geraden Turbinengittern mit Hilfe von Druckverteilungsmessungen
1954, 152 Seiten, 111 Abb., DM 36,20

HEFT 73
Prof. Dr.-Ing. K. Leist, Aachen
Spannungsoptische Untersuchungen von Turbinenschaufelfüßen
1954, 66 Seiten, 46 Abb., 2 Tabellen, DM 14,60

HEFT 74
Max-Planck-Institut für Eisenforschung, Düsseldorf
Versuche zur Klärung des Umwandlungsverhaltens eines sonderkarbidbildenden Chromstahls
1954, 58 Seiten, 10 Abb., DM 14,—

HEFT 75
Max-Planck-Institut für Eisenforschung, Düsseldorf
Zeit-Temperatur-Umwandlungs-Schaubilder als Grundlage der Wärmebehandlung der Stähle
1954, 44 Seiten, 13 Abb., DM 8,70

HEFT 76
Max-Planck-Institut für Arbeitsphysiologie, Dortmund
Arbeitstechnische und arbeitsphysiologische Rationalisierung von Mauersteinen
1954, 52 Seiten, 12 Abb., 3 Tabellen, DM 10,20

HEFT 77
Meteor Apparatebau Paul Schmeck GmbH., Siegen
Entwicklung von Leuchtstoffröhren hoher Leistung
1954, 46 Seiten, 12 Abb., 2 Tabellen, DM 9,15

HEFT 78
Forschungsstelle für Acetylen, Dortmund
Über die Zustandsgleichung des gasförmigen Acetylens und das Gleichgewicht Acetylen — Aceton
1954, 42 Seiten, 3 Abb., 8 Tabellen, DM 8,—

HEFT 79
Techn.-Wissenschaftl. Büro für die Bastfaserindustrie, Bielefeld
Trocknung von Leinengarnen III
Spinnspulen- und Spinnkopstrocknung
Vorgang und Einwirkung auf die Garnqualität
1954, 74 Seiten, 18 Abb., 10 Tabellen, DM 14,—

WESTDEUTSCHER VERLAG · KÖLN UND OPLADEN

HEFT 80
Techn.-Wissenschaftl. Büro für die Bastfaserindustrie, Bielefeld
Die Verarbeitung von Leinengarn auf Webstühlen mit und ohne Oberbau
1954, 30 Seiten, 2 Abb., 2 Tabellen, DM 6,—

HEFT 81
Prüf- und Forschungsinstitut für Ziegeleierzeugnisse, Essen-Kray
Die Einführung des großformatigen Einheits-Gitterziegels im Lande Nordrhein-Westfalen
1954, 54 Seiten, 2 Abb., 2 Tabellen, DM 10,—

HEFT 82
Vereinigte Aluminium-Werke AG., Bonn
Forschungsarbeiten auf dem Gebiet der Veredelung von Aluminium-Oberflächen
1954, 46 Seiten, 34 Abb., DM 9,60

HEFT 83
Prof. Dr. S. Strugger, Münster
Über die Struktur der Proplastiden
1954, 30 Seiten, 15 Abb., DM 8,40

HEFT 84
Dr. H. Baron, Düsseldorf
Über Standardisierung von Wundtextilien
1954, 32 Seiten, DM 6,40

HEFT 85
Textilforschungsanstalt Krefeld
Physikalische Untersuchungen an Fasern, Fäden, Garnen und Geweben:
Untersuchungen am Knickscheuergerät nach Weltzien
1954, 40 Seiten, 11 Abb., 8 Tabellen, DM 10,—

HEFT 86
Prof. Dr.-Ing. H. Opitz, Aachen
Untersuchungen über das Fräsen von Baustahl sowie über den Einfluß des Gefüges auf die Zerspanbarkeit
1954, 108 Seiten, 73 Abb., 7 Tabellen, DM 22,—

HEFT 87
Gemeinschaftsausschuß Verzinken, Düsseldorf
Untersuchungen über Güte von Verzinkungen
1954, 68 Seiten, 56 Abb., 3 Tabellen, DM 15,30

HEFT 88
Gesellschaft für Kohlentechnik mbH., Dortmund-Eving
Oxydation von Steinkohle mit Salpetersäure
1954, 62 Seiten, 2 Abb., 1 Tabelle, DM 11,50

HEFT 89
Verein Deutscher Ingenieure, Gleitlagerforschung, Düsseldorf und Prof. Dr.-Ing. G. Vogelpohl, Göttingen
Versuche mit Preßstoff-Lagern für Walzwerke
1954, 70 Seiten, 34 Abb., DM 14,10

HEFT 90
Forschungs-Institut der Feuerfest-Industrie, Bonn
Das Verhalten von Silikasteinen im Siemens-Martin-Ofengewölbe
1954, 62 Seiten, 15 Abb., 11 Tabellen, DM 11,90

HEFT 91
Forschungs-Institut der Feuerfest-Industrie, Bonn
Untersuchungen des Zusammenhangs zwischen Leistung und Kohlenverbrauch von Kammeröfen zum Brennen von feuerfesten Materialien
1954, 42 Seiten, 6 Abb., DM 8,30

HEFT 92
Techn.-Wissenschaftl. Büro für die Bastfaserindustrie, Bielefeld und Laboratorium für textile Meßtechnik, M.-Gladbach
Messungen von Vorgängen am Webstuhl
1954, 76 Seiten, 45 Abb., DM 15,50

HEFT 93
Prof. Dr. W. Kast, Krefeld
Spinnversuche zur Strukturerfassung künstlicher Zellulosefasern
1954, 82 Seiten, 39 Abb., 6 Tabellen, DM 16,—

HEFT 94
Prof. Dr. G. Winter, Bonn
Die Heilpflanzen des MATTHIOLUS (1611) gegen Infektionen der Harnwege und Verunreinigung der Wunden bzw. zur Förderung der Wundheilung im Lichte der Antibiotikaforschung
1954, 58 Seiten, 1 Abb., 2 Tabellen, DM 11,50

HEFT 95
Prof. Dr. G. Winter, Bonn
Untersuchungen über die flüchtigen Antibiotika aus der Kapuziner- (Tropaeolum maius) und Gartenkresse (Lepidium sativum) und ihr Verhalten im menschlichen Körper bei Aufnahme von Kapuziner- bzw. Gartenkressensalat per os
1955, 74 Seiten, 9 Abb., 25 Tabellen, DM 14,—

HEFT 96
Dr.-Ing. P. Koch, Dortmund
Austritt von Exoelektronen aus Metalloberflächen unter Berücksichtigung der Verwendung des Effektes für die Materialprüfung
1954, 34 Seiten, 13 Abb., DM 7,—

HEFT 97
Ing. H. Stein, Laboratorium für textile Meßtechnik, M.-Gladbach
Untersuchung der Verzugsvorgänge an den Streckwerken verschiedener Spinnereimaschinen
2. Bericht: Ermittlung der Haft-Gleiteigenschaften von Faserbändern und Vorgarnen
1955, 98 Seiten, 54 Abb., DM 21,—

HEFT 98
Fachverband Gesenkschmieden, Hagen
Die Arbeitsgenauigkeit beim Gesenkschmieden unter Hämmern
1955, 132 Seiten, 55 Abb., 9 Tabellen, DM 24,75

HEFT 99
Prof. Dr.-Ing. G. Garbotz, Aachen
Der Kraft- und Arbeitsaufwand sowie die Leistungen beim Biegen von Bewehrungsstählen in Abhängigkeit von den Abmessungen, den Formen und der Güte der Stähle (Ermittlung von Leistungsrichtlinien)
1955, 136 Seiten, 53 Abb., 3 Anlagen, 18 Tabellen, DM 30,—

HEFT 100
Prof. Dr.-Ing. H. Opitz, Aachen
Untersuchungen von elektrischen Antrieben, Steuerungen und Regelungen an Werkzeugmaschinen
1955, 166 Seiten, 71 Abb., 3 Tabellen, DM 31,30

HEFT 101
Prof. Dr.-Ing. H. Opitz, Aachen
Wirtschaftlichkeitsbetrachtungen beim Außenrundschleifen
1955, 100 Seiten, 56 Abb., 3 Tabellen, DM 19,30

HEFT 102
Dr. P. Hölemann, Ing. R. Hasselmann und Ing. G. Dix, Dortmund
Untersuchungen über die thermische Zündung von explosiblen Acetylenzersetzungen in Kapillaren
1954, 44 Seiten, 5 Abb., 4 Tabellen, DM 8,60

HEFT 103
Prof. Dr. W. Weizel, Bonn
Durchführung von experimentellen Untersuchungen über den zeitlichen Ablauf von Funken in komprimierten Edelgasen sowie zu deren mathematischen Berechnung
1955, 46 Seiten, 12 Abb., DM 9,10

HEFT 104
Prof. Dr. W. Weizel, Bonn
Über den Einfluß der Elektroden auf die Eigenschaften von Cadmium-Sulfid-Widerstands-Photozellen
1955, 48 Seiten, 12 Abb., DM 9,45

HEFT 105
Dr.-Ing. R. Meldau, Harsewinkel/Westf.
Auswertung von Gekörn — Analysen des Musterstaubes „Flugasche Fortuna I"
1955, 42 Seiten, 14 Abb., DM 8,50

HEFT 106
ORR. Dr.-Ing. W. Küch, Dortmund
Untersuchungen über die Einwirkung von feuchtigkeitsgesättigter Luft auf die Festigkeit von Leimverbindungen
1954, 60 Seiten, 10 Abb., 6 Tabellen, DM 11,40

HEFT 107
Prof. Dr. H. Lange und Dipl.-Phys. P. St. Pütter, Köln
Über die Konstruktion von Laboratoriumsmagneten
1955, 66 Seiten, 19 Abb., 1 Tabelle, DM 12,30

HEFT 108
Prof. Dr. W. Fuchs, Aachen
Untersuchungen über neue Beizmethoden und Beizabwässer
I. Die Entzunderung von Drähten mit Natriumhydrid
II. Die Aufbereitung von Beizabwässern
1955, 82 S., 15 Abb., 14 Tabellen, 1 Falttafel, DM 15,25

HEFT 109
Dr. P. Hölemann und Ing. R. Hasselmann, Dortmund
Untersuchungen über die Löslichkeit von Azetylen in verschiedenen organischen Lösungsmitteln
1954, 42 Seiten, 10 Abb., 8 Tabellen, DM 8,30

HEFT 110
Dr. P. Hölemann und Ing. R. Hasselmann, Dortmund
Untersuchungen über den Druckverlauf bei der explosiblen Zersetzung von gasförmigem Azetylen
1955, 54 Seiten, 10 Abb., 5 Tabellen, DM 11,—

HEFT 111
Fachverband Steinzeugindustrie, Köln
Die Entwicklung eines Gerätes zur Beschickung seitlicher Feuer von Steinzeug-Einzelkammeröfen mit festen Brennstoffen
1955, 46 Seiten, 16 Abb., DM 9,40

HEFT 112
Prof. Dr.-Ing. H. Opitz, Aachen
Verschleißmessungen beim Drehen mit aktivierten Hartmetallwerkzeugen
1954, 44 Seiten, 17 Abb., 6 Tabellen, DM 8,80

HEFT 113
Prof. Dr. O. Graf, Dortmund
Erforschung der geistigen Ermüdung und nervösen Belastung: Studien über die vegetative 24-Stunden-Rhythmik in Ruhe und unter Belastung
1955, 40 Seiten, 12 Abb., DM 8,20

HEFT 114
Prof. Dr. O. Graf, Dortmund
Studien über Fließarbeitsprobleme an einer praxisnahen Experimentieranlage
1954, 34 Seiten, 6 Abb., DM 7,—

HEFT 115
Prof. Dr. O. Graf, Dortmund
Studium über Arbeitspausen in Betrieben bei freier und zeitgebundener Arbeit (Fließarbeit) und ihre Auswirkung auf die Leistungsfähigkeit
1955, 50 Seiten, 13 Abb., 2 Tabellen, DM 9,80

HEFT 116
Prof. Dr.-Ing. E. Siebel und Dr.-Ing. H. Weiss, Stuttgart
Untersuchungen an einigen Problemen des Tiefziehens — I. Teil
1955, 74 Seiten, 50 Abb., 5 Tabellen, DM 14,50

HEFT 117
Dr.-Ing. H. Beißwänger, Stuttgart, und Dr.-Ing. S. Schwandt, Trier
Untersuchungen an einigen Problemen des Tiefziehens — II. Teil
1955, 92 Seiten, 34 Abb., 8 Tabellen, DM 17,70

HEFT 118
Prof. Dr. E. A. Müller und Dr. H. G. Wenzel, Dortmund
Neuartige Klima-Anlage zur Erzeugung ungleicher Luft- und Strahlungstemperaturen in einem Versuchsraum
1955, 68 Seiten, 10 z. T. mehrfarb. Abb., DM 14,—

HEFT 119
Dr.-Ing. O. Viertel, Krefeld
Wäscherei- und energietechnische Untersuchung einer Gemeinschafts-Waschanlage
1955, 50 Seiten, 18 Abb., DM 10,20

HEFT 120
Dipl.-Ing. A. Weisbecker, Lüdenscheid
Über Anfressung an Reinstaluminium-Schweißnähten bei der elektrolytischen Oxydation
Gebr. Hörstermann GmbH., Velbert
Entwicklung und Erprobung eines neuartigen Gummibandförderers
1955, 46 Seiten, 18 Abb., DM 9,70

HEFT 121
Dr. H. Krebs, Bonn
I. Die Struktur und die Eigenschaften der Halbmetalle
II. Die Bestimmung der Atomverteilung in amorphen Substanzen
III. Die chemische Bindung in anorganischen Festkörpern und das Entstehen metallischer Eigenschaften
1955, 124 Seiten, 36 Abb., 13 Tabellen, DM 22,90

HEFT 122
Prof. Dr. W. Fuchs, Aachen
Untersuchungen zur Verbesserung der Wasseraufbereitung und Wasseranalyse:
Über die Schnellbewertung von Ionenaustauscher
1955, 62 Seiten, 32 Abb., DM 12,30

HEFT 123
Dipl.-Ing. J. Emondts, Aachen
Über Bodenverformungen bei stark gestörtem und mächtigem, wasserführendem Deckgebirge im Aachener Steinkohlengebiet
1955, 196 Seiten, 37 Abb., 10 Tabellen, DM 28,80

HEFT 124
Prof. Dr. R. Seyffert, Köln
Wege und Kosten der Distribution der Hausratwaren im Lande Nordrhein-Westfalen
1955, 74 Seiten, 25 Tabellen, DM 9,—

HEFT 125

Prof. Dr. E. Kappler, Münster
Eine neue Methode zur Bestimmung von Kondensations-Koeffizienten von Wasser
1955, 46 Seiten, 11 Abb., 1 Tabelle, DM 9,10

HEFT 126

Prof. Dr.-Ing. J. Mathieu, Aachen
Arbeitszeitvergleich
Grundlagen, Methodik und praktische Durchführung
1955, 70 Seiten, DM 13,—

HEFT 127

Güteschutz Betonstein e. V., Arbeitskreis Nordrhein-Westfalen, Dortmund
Die Betonwaren-Gütesicherung im Lande Nordrhein-Westfalen
1955, 58 Seiten, 15 Abb., 3 Tabellen, DM 11,50

HEFT 128

Prof. Dr. O. Schmitz-DuMont, Bonn
Untersuchungen über Reaktionen in flüssigem Ammoniak
1955, 96 Seiten, 11 Abb., 6 Tabellen, DM 17,75

HEFT 129

Prof. Dr.-Ing. J. Mathieu und Dr. C. A. Roos, Aachen
Die Anlernung von Industriearbeitern
I. Ergebnisse einer grundsätzlichen Untersuchung der gegenwärtigen Industriearbeiter-Kurzanlernung
1955, 106 Seiten, DM 19,70

HEFT 130

Prof. Dr.-Ing. J. Mathieu und Dr. C. A. Roos, Aachen
Die Anlernung von Industriearbeitern
II. Beiträge zur Methodenfrage der Kurzanlernung
1955, 108 Seiten, DM 19,90

HEFT 131

Dr. W. Hoerburger, Köln
Versuche zur Biosynthese von Eiweiß aus Kohlenwasserstoff
1955, 34 Seiten, 2 Abb., DM 6,90

HEFT 132

Prof. Dr. W. Seith, Münster
Über Diffusionserscheinungen in festen Metallen
1955, 42 Seiten, 19 Abb., 4 Tabellen, DM 9,10

HEFT 133

Prof. Dr. E. Jenckel, Aachen
Über einen für Schwermetalle selektiven Ionenaustauscher
1955, 48 Seiten, 8 Abb., 13 Tabellen, DM 9,50

HEFT 134

Prof. Dr.-Ing. H. Winterhager, Aachen
Über die elektrochemischen Grundlagen der Schmelzfluß-Elektrolyse von Bleisulfid in geschmolzenen Mischungen mit Bleichlorid
1955, 54 Seiten, 20 Abb., 5 Tabellen, DM 11,80

HEFT 135

Prof. Dr.-Ing. K. Krekeler und Dr.-Ing. H. Peukert, Aachen
Die Änderung der mechanischen Eigenschaften thermoplastischer Kunststoffe durch Warmrecken
1955, 54 Seiten, 27 Abb., DM 11,10

HEFT 136

Dipl.-Phys. P. Pilz, Remscheid
Über spezielle Probleme der Zerkleinerungstechnik von Weichstoffen
1955, 58 Seiten, 19 Abb., 2 Tabellen, DM 11,50

HEFT 137

Prof. Dr. W. Baumeister, Münster
Beiträge zur Mineralstoffernährung der Pflanzen
1955, 64 Seiten, 6 Tabellen, DM 11,80

HEFT 138

Dr. P. Hölemann und Ing. R. Hasselmann, Dortmund
Untersuchungen über die Zersetzungswärme von gasförmigem und in Azeton gelöstem Azetylen
1955, 54 Seiten, 8 Abb., 7 Tabellen, DM 10,40

HEFT 139

Prof. Dr. W. Fuchs, Aachen
Studien über die thermische Zersetzung der Kohle und die Kohlendestillatprodukte
1955, 64 Seiten, 20 Abb., 22 Tabellen, DM 11,80

HEFT 140

Dr.-Ing. G. Hausberg, Essen
Modellversuche an Zyklonen
1955, 78 Seiten, 24 Abb., DM 15,70

HEFT 141

Dr. J. van Calker und Dr. R. Wienecke, Münster
Untersuchungen über den Einfluß dritter Analysenpartner auf die spektrochemische Analyse
1955, 42 Seiten, 15 Abb., DM 9,10

HEFT 142

Dipl.-Ing. G. M. F. Wiebel, Hannover, A. Konermann und A. Ottenheym, Sennelager
Entwicklung eines Kalksandleichtsteines
1955, 38 Seiten, 4 Abb., DM 8,—

HEFT 143

Prof. Dr. F. Wever, Dr. A. Rose und Dipl.-Ing. W. Straßburg, Düsseldorf
Härtbarkeit und Umwandlungsverhalten der Stähle
1955, 50 Seiten, 12 Abb., 3 Tabellen, DM 10,70

HEFT 144

Prof. Dr. H. Wurmbach, Bonn
Steuerung von Wachstum und Formbildung
1955, 48 Seiten, 19 Abb., DM 10,30

HEFT 145

Dr. G. Hennemann, Werdohl (Westf.)
Beitrag zur Interpretation der modernen Atomphysik
1955, 34 Seiten, DM 10,—

HEFT 146

Dr.-Ing. F. Gruß, Düsseldorf
Sterilisation mit Heißluft
1955, 34 Seiten, 10 Abb., DM 7,70

HEFT 147

Dr.-Ing. W. Rudisch, Unna
Untersuchung einer drehelastischen Elektromagnet-Synchronkupplung
1955, 82 Seiten, 65 Abb., DM 17,70

HEFT 148

Prof. Dr. H. Bittel u. Dipl.-Phys. L. Storm, Münster
Untersuchungen über Widerstandsrauschen
1955, 40 Seiten, 5 Abb., DM 8,40

HEFT 149

Dipl.-Ing. K. Konopicky und Dipl.-Chem. P. Kampa, Bonn
I. Beitrag zur flammenphotometrischen Bestimmung des Calciums.

Dr.-Ing. K. Konopicky, Bonn
II. Die Wanderung von Schlackenbestandteilen in feuerfesten Baustoffen
1955, 54 Seiten, 10 Abb., 5 Tabellen, DM 11,—

HEFT 150

Prof. Dr.-Ing. O. Kienzle und Dipl.-Ing. W. Timmerbeil, Hannover
Das Durchziehen enger Kragen an ebenen Fein- und Mittelblechen
1955, 52 Seiten, 20 Abb., 8 Tabellen, DM 11,30

HEFT 151

Dipl.-Ing. P. Karabasch, Aachen
Feststellung des optimalen Gasgehaltes von Bronzen zur Erzielung druckdichter Gußstücke
1956, 64 Seiten, 31 Abb., 5 Tabellen, DM 13,90

HEFT 152

Dipl.-Ing. G. Müller, Köln
Ermittlung der Laufeigenschaften (Vergießbarkeit) von Bronze und Rotguß mittels der Schneider-Gießspirale
1955, 60 Seiten, 33 Abb., DM 13,30

HEFT 153

Prof. Dr. F. Wever, Dr.-Ing. W. A. Fischer und Dipl.-Ing. J. Engelbrecht, Düsseldorf
I. Die Reduktion sauerstoffhaltiger Eisenschmelzen im Hochvakuum mit Wasserstoff und Kohlenstoff
II. Einfluß geringer Sauerstoffgehalte auf das Gefüge und Alterungsverhalten von Reineisen
1955, 54 Seiten, 15 Abb., 2 Tabellen, DM 12,40

HEFT 154

Prof. Dr.-Ing. P. Bardenheuer und Dr.-Ing. W. A. Fischer, Düsseldorf
Die Verschlackung von Titan aus Stahlschmelzen im sauren und basischen Hochfrequenzofen unter verschiedenen Schlacken
1955, 36 Seiten, 10 Abb., 1 Tabelle, DM 7,95

HEFT 155

Dipl.-Phys. K. H. Schirmer, München
Die auf Grau abgestimmte Farbwiedergabe im Dreifarbenbuchdruck
1955, 46 Seiten, 17 Abb., 2 Farbtafeln, DM 10,—

HEFT 156

Prof. Dr.-Ing. B. von Borries und Mitarbeiter, Düsseldorf
Die Entwicklung regelbarer permanentmagnetischer Elektronenlinsen hoher Brechkraft und eines mit ihnen ausgerüsteten Elektronenmikroskopes neuer Bauart
1956, 102 Seiten, 52 Abb., DM 22,55

HEFT 157

Dr. W. Jawtusch, Dr. G. Schuster und Prof. Dr.-Ing. R. Jaeckel, Bonn
Untersuchungen über die Stoßvorgänge zwischen neutralen Atomen und Molekülen
1955, 48 Seiten, 15 Abb., 3 Tabellen, DM 10,50

HEFT 158

Dipl.-Ing. W. Rosenkranz, Meinerzhagen
Ein Beitrag zum Problem der Spannungskorrosion bei Preßprofilen und Preßteilen aus Aluminium-Legierungen
1956, 112 Seiten, 61 Abb., 5 Tabellen, DM 27,40

HEFT 159

Dr.-Ing. O. Viertel und O. Oldenroth, Krefeld
Das Bleichen von Weißwäsche mit Wasserstoffsuperoxyd bzw. Natriumhypochlorit beim maschinellen Waschen
1955, 54 Seiten, 23 Abb., 2 Tabellen, DM 11,45

HEFT 160

Prof. Dr. W. Klemm, Münster
Über neue Sauerstoff- und Fluor-haltige Komplexe
1955, 50 Seiten, 13 Abb., 7 Tabellen, DM 10,80

HEFT 161

Prof. Dr. W. Weltzien und Dr. G. Hauschild, Krefeld
Über Silikone und ihre Anwendung in der Textilveredlung
1955, 162 Seiten, 22 Abb., 10 Tabellen, DM 27,—

HEFT 162

Prof. Dr. F. Wever, Prof. Dr. A. Kochendörfer und Dr.-Ing. Chr. Rohrbach, Düsseldorf
Kennzeichnung der Sprödbruchneigung von Stählen durch Messung der Fließspannung, Reißspannung und Brucheinschnürung an dreiachsig beanspruchten Proben *1955, 58 Seiten, 26 Abb., DM 13,—*

HEFT 163

Dipl.-Ing. W. Rohs und Text.-Ing. H. Griese, Bielefeld
Untersuchungsarbeiten zur Verbesserung des Leinenwebstuhls III
1955, 80 Seiten, 15 Abb., 18 Tabellen, DM 15,80

HEFT 164

Dr.-Ing. H. Schmachtenberg, Köln
Neuartige Prüfeinrichtungen für Kraftfahrzeuge
1955, 44 Seiten, 23 Abb., DM 9,60

HEFT 165

Dr.-Ing. W. Wilhelm, Aachen
Instationäre Gasströmung im Auspuffsystem eines Zweitaktmotors
1955, 62 Seiten, 31 Abb., 8 Tabellen, DM 13,60

HEFT 166

Prof. Dr. M. v. Stackelberg, Dr. H. Heindze, Dr. H. Hübschke und Dr. K. H. Frangen, Bonn
Kolloidchemische Untersuchungen
1955, 106 Seiten, 8 Abb., 13 Tabellen, DM 21,25

HEFT 167

Prof. Dr.-Ing. F. Schuster, Essen
I. Über die Heißkarburierung von Brenngasen mit Ölen und Teeren
II. Die Strahlungsvorgänge in brennstoffbeheizten Öfen bei verschiedenen Verbrennungsatmosphären
1955, 38 Seiten, 8 Abb., DM 8,30

HEFT 168

Prof. Dr.-Ing. F. Schuster, Essen
I. Luftvorwärmung an Gasfeuerungen
II. Heizwerthöhe von Brenngasen und Wirkungsgrad sowie Gasverbrauch bei der Gasverwendung
III. Sauerstoffangereicherte Luft und feuerungstechnische Kenngrößen von Brenngasen
1955, 60 Seiten, 18 Abb., DM 12,50

HEFT 169

Forschungsinstitut für Pigmente und Lacke, Stuttgart
Arbeiten über die Bestimmung des Gebrauchswertes von Lackfilmen durch physikalische Prüfungen
1955, 70 Seiten, 23 Abb., 4 Tabellen, DM 15,—

HEFT 170

Prof. Dr. F. Wever, Dr. A. Rose und Dipl.-Ing L. Rademacher, Düsseldorf
Anwendung der Umwandlungsschaubilder auf Fragen der Werkstoffauswahl beim Schweißen und Flammhärten *1955, 64 Seiten, 25 Abb., DM 13,70*

WESTDEUTSCHER VERLAG · KÖLN UND OPLADEN

HEFT 171
Wäschereiforschung Krefeld
Untersuchung der Wäscheentwässerung mit Hilfe von Zentrifugen und Pressen
1955, 42 Seiten, 16 Abb., 4 Tabellen, DM 9,70

HEFT 172
Dipl.-Ing. W. Rohs, Dr.-Ing. G. Satlow und Text.-Ing. G. Heller, Bielefeld
Trocknung von Hanfgarnen. Kreuzspultrocknung
1955, 60 Seiten, 7 Abb., 4 Tabellen, DM 10,30

HEFT 173
Prof. Dr. R. Hosemann und Dipl.-Phys. G. Schoknecht, Berlin, vorgelegt von Prof. Dr. W. Kast, Krefeld
Lichtoptische Herstellung und Diskussion der Faltungsquadrate parakristalliner Gitter
1956, 108 Seiten, 63 Abb., 6 Tabellen, DM 24,70

HEFT 174
Prof. Dr. W. von Fragstein, Dr. J. Meingast und H. Hoch, Köln
Herstellung von Solen einheitlicher Teilchengröße und Ermittlung ihrer optischen Eigenschaften
1955, 78 Seiten, 80 Abb., 4 Tabellen, DM 18,25

HEFT 175
Dr.-Ing. H. Zeller, Aachen
Beitrag zur eindimensionalen stationären und nichtstationären Gasströmung mit Reibung und Wärmeleitung, insbesondere in Rohren mit unstetigen Querschnittsänderungen.
1956, 133 Seiten, 56 Abb., DM 29,30

HEFT 176
Dipl.-Ing. H. Schöberl, Duisburg
Über die Methoden zur Ermittlung der Verbrennungstemperatur von Brennstoffen und ein Vorschlag zu ihrer Verbesserung
1955, 30 Seiten, 3 Abb., DM 6,50

HEFT 177
Dipl.-Ing. H. Stüdemann, Solingen, und Dr.-Ing. W. Müchler, Essen
Entwicklung eines Verfahrens zur zahlenmäßigen Bestimmung der Schneideigenschaften von Messerklingen
1956, 104 Seiten, 68 Abb., 4 Tabellen, DM 22,20

HEFT 178
Prof. Dr. M. von Stackelberg u. Dr. W. Hans, Bonn
Untersuchungen zur Ausarbeitung und Verbesserung von polarographischen Analysenmethoden
1955, 46 Seiten, 14 Abb., DM 10,50

HEFT 179
Dipl.-Ing. H. F. Reineke, Bochum
Entwicklungsarbeiten auf dem Gebiete der Meß- und Regeltechnik
1955, 46 Seiten, 10 Abb., DM 10,—

HEFT 180
Dr.-Ing. W. Piepenburg, Dipl.-Ing. B. Bühling und Bauing. J. Behnke, Köln
Putzarbeiten im Hochbau und Versuche mit aktiviertem Mörtel und mechanischem Mörtelauftrag
1955, 116 Seiten, 31 Abb., 68 Tabellen, DM 23,—

HEFT 181
Prof. Dr. W. Franz, Münster
Theorie der elektrischen Leitvorgänge in Halbleitern und isolierenden Festkörpern bei hohen elektrischen Feldern
1955, 28 Seiten, 2 Abb., 1 Tabelle, DM 6,20

HEFT 182
Dr.-Ing. P. Schenk u. Dr. K. Osterloh, Düsseldorf
Katalytisch-thermische Spaltung von gasförmigen und flüssigen Kohlenwasserstoffen zur Spitzengaserzeugung
1955, 50 Seiten, 11 Abb., 11 Tabellen, DM 10,90

HEFT 183
Dr. W. Bornheim, Köln
Entwicklungsarbeiten an Flaschen- und Ampullen-Behandlungsmaschinen für die pharmazeutische Industrie
1956, 48 Seiten, 24 Abb., DM 11,70

HEFT 184
Dr.-Ing. E. Printz, Kettwig
Vollhydraulische Parallel-Kupplung für Ackerschlepper
1955, 32 Seiten, 4 Abb., DM 7,80

HEFT 185
Dipl.-Ing. W. Rohs und Text.-Ing. G. Heller, Bielefeld
Studien an einem neuzeitlichen Kreuzspultrockner für Bastfasergarne mit Wiederbefeuchtungszone
1955, 52 Seiten, 9 Abb., 3 Tabellen, DM 10,70

HEFT 186
Dr. E. Wedekind, Krefeld
Untersuchungen zur Arbeitsbestgestaltung bei der Fertigstellung von Oberhemden in gewerblichen Wäschereien *1955, 124 Seiten, 28 Abb., 6 Tabellen, 2 Falttaf., DM 12,—*

HEFT 187
Dipl.-Ing. F. Göttgens, Essen
Über die Eigenarten der Bimetall-, Thermo- und Flammenionisationssicherungsmethode in ihrer Anwendung auf Zündsicherungen
1955, 40 Seiten, 6 Abb., 4 Tabellen, DM 8,40

HEFT 188
W. Kinnebrock, Langenberg (Rhld.)
Der Einfluß des Austausches gleicher Gaskochbrenner bzw. Gaskochbrennerteile auf den Wirkungsgrad und insbesondere auf den CO-Gehalt der Verbrennungsgase
1955, 42 Seiten, 7 Tabellen, DM 8,70

HEFT 189
Fa. E. Leybold's Nachfolger, Köln
I. Ausgewählte Kapitel aus der Vakuumtechnik
II. Zum Verlust anorganisch-nichtflüchtiger Substanzen während der Gefriertrocknung
1955, 52 Seiten, 16 Abb., 3 Tabellen, DM 11,20

HEFT 190
Prof. Dr. A. Neuhaus, Prof. Dr. O. Schmitz-DuMont und Dipl.-Chem. H. Reckhard, Bonn
Zur Kenntnis der Alkalititanate
1955, 60 Seiten, 13 Abb., 1 Tabelle, DM 12,20

HEFT 191
Dr. H. Söhngen, Darmstadt
Schwingungsverhalten eines Schaufelkranzes im Vakuum *1955, 36 Seiten, 7 Abb., DM 7,80*

HEFT 192
Dipl.-Phys. E. M. Schneider, München
Kohlebogenlampen für Aufnahme und Kopie
1955, 48 Seiten, 21 Abb., 3 Tabellen, DM 10,60

HEFT 193
Prof. Dr. O. Schmitz-DuMont, Bonn
Untersuchungen über neue Pigmentfarbstoffe
1956, 50 Seiten, 16 Abb., 8 Tabellen, DM 11,20

HEFT 194
Dr. K. Hecht, Köln
Entwicklung neuartiger physikalischer Unterrichtsgeräte *1955, 42 Seiten, 16 Abb., DM 9,90*

HEFT 195
Dr.-Ing. E. Rößger, Köln
Gedanken über einen neuen deutschen Luftverkehr
1955, 342 Seiten, 29 Abb., 122 Tabellen, DM 50,—

HEFT 196
Dipl.-Ing. W. Rohs und Text.-Ing. H. Griese, Bielefeld
Auswirkungen von Garnfehlern bei der Verarbeitung von Leinengarnen
1955, 36 Seiten, 3 Abb., 6 Tabellen, DM 7,80

HEFT 197
Dr. E. Wedekind, Krefeld
Untersuchungen zur Bestimmung der optimalen Arbeitsplatzgröße bei Mehrstuhlarbeit in der Weberei
1955, 92 Seiten, 34 Abb., DM 18,50

HEFT 198
Prof. Dr. J. Weissinger, Karlsruhe
Zur Aerodynamik des Ringflügels. Die Druckverteilung dünner, fast drehsymmetrischer Flügel in Unterschallströmung *1955, 42 Seiten, 5 Abb., DM 9,—*

HEFT 199
Textilforschungsanstalt Krefeld
Die Messung von Gewebetemperaturen mittels Temperaturstrahlung
1955, 50 Seiten, 12 Abb., DM 10,90

HEFT 200
R. Seipenbusch, Langenberg (Rhld.)
Spitzengas durch Zusatz von Flüssiggas-Wassergas- und Flüssiggas-Generatorgas-Gemischen zu Stadtgas
1955, 48 Seiten, 21 Tabellen, DM 10,35

HEFT 201
Dr.-Ing. E. W. Pleines, Frankfurt/Main
Die Sicherheit im Luftverkehr
1956, 194 Seiten, 39 Abb., 19 Tabellen, DM 39,50

HEFT 202
Dipl.-Ing. D. Fiecke, Stuttgart/Zuffenhausen
Die Bestimmung der Flugzeugpolaren für Entwurfszwecke. I Teil: Unterlagen
1956, 216 Seiten, 171 Diagr., DM 59,70

HEFT 203
Dr. G. Wandel, Bonn
Uferbewachsung und Lebendverbauung an den Nordwestdeutschen Kanälen und ihren Zuflüssen sowie an der Ruhr *1956, 122 Seiten, 88 Abb., DM 25,70*

HEFT 204
Dipl.-Ing. B. Naendorf, Langenberg (Rhld.)
Bestimmung der Brenneigenschaften und des Brennverhaltens verschiedener Gasarten und Einfluß verschiedener Düsengestaltung
1955, 32 Seiten, DM 7,10

HEFT 205
Dr. C. Schaarwächter, Düsseldorf
Über plastische Kupfer-Eisen-Phosphor-Legierungen
1956, 36 Seiten, 10 Abb., 10 Tabellen, DM 8,30

HEFT 206
Dr. P. Hölemann, Ing. R. Hasselmann und Ing. G. Dix, Dortmund
Untersuchungen über die Vorgänge bei der Zersetzung von in Azeton gelöstem Azetylen
1956, 74 Seiten, 7 Abb., 7 Tabellen, DM 15,55

HEFT 207
Prof. Dr.-Ing. H. Opitz, Dipl.-Ing. K. H. Fröhlich und Dipl.-Ing. H. Siebel, Aachen
Richtwerte für das Fräsen von unlegierten und legierten Baustählen mit Hartmetall. I. Teil
1956, 48 Seiten, 27 Abb., 3 Tabellen, DM 11,10

HEFT 208
Prof. Dr.-Ing. H. Müller, Essen
Untersuchung von Elektrowärmegeräten für Laienbedienung hinsichtlich Sicherheit und Gebrauchsfähigkeit. I. Untersuchungen an Kochplatten
1956, 100 Seiten, 76 Abb., 7 Tabellen, DM 22,70

HEFT 209
Dr. K. Bunge, Leverkusen
Materialabbau in Funkenentladungen. Untersuchungen an Zinkkathoden
1956, 54 Seiten, 10 Abb., 5 Tabellen, DM 11,40

HEFT 210
Dr. W. Porschen und Prof. Dr. W. Riezler, Bonn
Langlebige Alphaaktivitäten bei natürlichen Elementen
1955, 40 Seiten, 5 Abb., 4 Tabellen, DM 8,80

HEFT 211
Prof. Dipl.-Ing. W. Sturtzel und Dr.-Ing. W. Graff, Duisburg
Die Versuchsanstalt für Binnenschiffbau, Duisburg
1956, 48 Seiten, 22 Abb., 11,—

HEFT 212
Dipl.-Ing. H. Spodig, Selm
Untersuchung zur Anwendung der Dauermagnete in der Technik *1955, 44 Seiten, 25 Abb., DM 9,80*

HEFT 213
Dipl.-Ing. K. F. Rittinghaus, Aachen
Zusammenstellung eines Meßwagens für Bau- und Raumakustik *in Vorbereitung*

HEFT 214
Dr.-Ing. J. Endres, München
Berechnung der optimalen Leistungen, Kraftstoffverbräuche und Wirkungsgrade von Einkreis-Turbolader-Strahltriebwerken am Boden und in der Höhe bei Fluggeschwindigkeiten von 0—2000 km/h
1956, 72 Seiten, 18 Abb., 8 Tabellen, DM 15,40

HEFT 215
Prof. Dr.-Ing. H. Opitz und Dr.-Ing. G. Weber, Aachen
Einfluß der Wärmebehandlung von Baustählen auf Spanentstehung, Schnittkraft- und Standzeitverhalten
1956, 80 Seiten, 30 Abb., 10 Tabellen, DM 18,40

HEFT 216
Dr. E. Kloth, Köln
Untersuchungen über die Ausbreitung kurzer Schallimpulse bei der Materialprüfung mit Ultraschall
1956, 90 Seiten, 60 Abb., 4 Tabellen, DM 19,40

HEFT 217
Rationalisierungskuratorium der Deutschen Wirtschaft (RKW), Frankfurt/Main
Typenvielzahl bei Haushaltgeräten und Möglichkeiten einer Beschränkung
1956, 328 Seiten, 2 Abb., 181 Tabellen, DM 49,50

HEFT 218
Dr. F. Keune, Aachen
Bericht über eine Theorie der Strömung um Rotationskörper ohne Anstellung bei Machzahl Eins
1955, 40 Seiten, 8 Abb., 5 Formelblätter, DM 8,80

WESTDEUTSCHER VERLAG · KÖLN UND OPLADEN

HEFT 219
Prof. Dr. W. Fuchs, Aachen
Untersuchungen zur Holzabfallverwertung und zur Chemie des Lignins
1955, 54 Seiten, 11 Abb., 15 Tabellen DM 11,40

HEFT 220
Prof. Dr. W. Fuchs, Aachen
Die Entwicklung neuer Regel- und Kontroll-Apparate zur coulometrischen Analyse
1956, 76 Seiten, 17 Abb. 23 Tabellen, DM 15,50

HEFT 221
Dr. W. Meyer-Eppler, Bonn
Experimentelle Untersuchungen zum Mechanismus von Stimme und Gehör in der lautsprachlichen Kommunikation *1955, 56 Seiten, 24 Abb., DM 13,45*

HEFT 222
Dr. L. Köllner, Münster, und Dipl.-Volkswirt M. Kaiser, Bochum
Die internationale Wettbewerbsfähigkeit der westdeutschen Wollindustrie *1956, 214 Seiten, DM 39,50*

HEFT 223
Dr.-Ing. K. Alberti und Dr. F. Schwarz, Köln
Über das Problem Hartbrand-Weichbrand
1956, 54 Seiten, 25 Abb., 14 Tabellen, DM 12,10

HEFT 224
Dipl.-Ing. H. Stüdemann und Ing. R. Beu, Solingen
Verfahren zur Prüfung der Korrosionsbeständigkeit von Messerklingen aus rostfreiem Stahl
1956, 82 Seiten, 28 Abb., DM 16,90

HEFT 225
Dr.-Ing. E. Barz, Remscheid
Der Spannungszustand von Gattersägeblättern
1956, 74 Seiten, 54 Abb., DM 16,50

HEFT 226
Technisch-wissenschaftliches Büro für die Bastfaserindustrie, Bielefeld
Untersuchungen zur Verbesserung des Leinenwebstuhles IV
Die Wirkung verschiedener Kettbaumbremsen auf die Verwebung von Leinengarnen
1956, 64 Seiten, 9 Abb., 4 Tabellen, DM 13,50

HEFT 227
Prof. Dr. F. Wever, Düsseldorf und Dr. W. Wepner, Köln
Untersuchung der Alterungsneigung von weichen unlegierten Stählen durch Härteprüfung bei Temperaturen bis 300 Grad C
1956, 34 Seiten, 20 Abb., 3 Tabellen, DM 7,95

HEFT 228
Prof. Dr. F. Wever, Dr. W. Koch, Düsseldorf, und Dr. B. A. Steinkopf, Dortmund
Spektrochemische Grundlagen der Analyse von Gemischen aus Kohlenmonoxyd, Wasserstoff und Stickstoff *1956, 42 Seiten, 18 Abb., 1 Tabelle, DM 9,90*

HEFT 229
Prof. Dr. F. Wever, Dr. W. Koch und Dr.-Ing. H. Malissa. Düsseldorf
Über die Anwendung disubstituierter Dithiocarbamate der analytischen Chemie
1956, 44 Seiten, 30 Abb., 5 Tabellen, DM 10,50

HEFT 230
Prof. Dr. F. Wever, Düsseldorf, und Dr. W. Wepner, Köln
Bestimmung kleiner Kohlenstoffgehalte im Alpha-Eisen durch Dämpfungsmessung
1956, 34 Seiten, 5 Abb., 2 Tabellen, DM 7,70

HEFT 231
Dr.-Ing. W. Küch, Dortmund
Über die Wechselwirkung zwischen Holzschutzbehandlung und Verleimung
1956, 48 Seiten, 10 Abb., 8 Tabellen, DM 10,40

HEFT 232
Prof. Dr.-Ing. O. Kienzle, Hannover, und Dr.-Ing. H. Münnich, Schweinfurt
Feststellung der Spannungen und Dehnungen und Bruchdrehzahlen der unter Fliehkraft und Bearbeitungskraft beanspruchten Schleifkörper
in Vorbereitung

HEFT 233
Dr. H. Haase, Hamburg
Infrarot-Bibliographie *1956, 90 Seiten, DM 17,80*

HEFT 234
Dr.-Ing. K. G. Speith und Dr.-Ing. A. Bungeroth, Duisburg
Versuche zur Steigerung des Kokillen-Schluckvermögens beim Stranggießen von Stahl
1956, 26 Seiten, 5 Abb., DM 6,15

HEFT 235
Prof. Dr.-Ing. K. Leist und Dipl.-Ing. W. Dettmering, Aachen
Turbinenschaufeln aus Kunststoff für Kaltluftversuchsanlagen
1956, 46 Seiten, 43 Abb., 3 Tabellen, DM 12,30

HEFT 236
Dr.-Ing. O. Viertel und S. Lucas, Krefeld
Ergebnisse einer Hausfrauenbefragung über Wascheinrichtungen und Waschmethoden in städtischen Haushaltungen
1956, 34 Seiten, 4 Abb., DM 7,60

HEFT 237
Dr. P. Endler und Dr. H. Ludes, Köln
Bericht über eine Studienreise zur Orientierung der heutigen Behandlung der Lungentuberkulose in den Vereinigten Staaten von Nordamerika
1956, 32 Seiten, DM 7,10

HEFT 238
Institut für textile Meßtechnik, M-Gladbach, e. V.
Untersuchungen der Verzugsvorgänge an den Streckwerken verschiedener Spinnereimaschinen. 3. Bericht: Theoretische Betrachtungen über den Einfluß schlagender Zylinder und Druckrollen
1956, 66 Seiten, 21 Abb., DM 14,10

HEFT 239
Prof. Dr.-Ing. K. Leist und Dipl.-Ing. H. Scheele, Aachen, und Dipl.-Ing. F. H. Flottmann, Herne
Versuche an einem neuartigen luftgekühlten Hochleistungs-Kolbenkompressor
1956, 72 Seiten, 19 Abb., 7 Tabellen, DM 14,40

HEFT 240
Prof. Dr.-Ing. K. Leist und Dipl.-Ing. H. Scheele, Aachen
Temperaturmessungen an einem einstufigen luftgekühlten 4-Zylinder-Kolbenkompressor mit Kühlgebläse *1956, 74 Seiten, 36 Abb., DM 14,80*

HEFT 241
Prof. Dr.-Ing. K. Leist und Dipl.-Ing. M. Pötke, Aachen
Leistungsversuche an einem Kühlluftgebläse
1956, 60 Seiten, 13 Abb., DM 11,70

HEFT 242
Prof. Dr.-Ing. K. Leist und Dipl.-Ing. K. Graf, Aachen
Straßenfahrzeuge mit Gasturbinenantrieb
1956, 82 Seiten, 63 Abb., DM 17,20

HEFT 243
Prof. Dr.-Ing. K. Leist und Dipl.-Ing. S. Förster, Aachen
Die französische Kleingasturbine Artouste — 1. Teil
1956, 80 Seiten, 41 Abb., DM 15,85

HEFT 244
Prof. Dr. F. Wever, Dr. W. Koch und Dr. S. Eckhard, Düsseldorf
Erfahrungen mit der spektrochemischen Analyse von Gefügebestandteilen des Stahles
1956, 32 Seiten, 8 Abb., 2 Tabellen, DM 7,80

HEFT 245
Prof. Dr.-Ing. habil. K. Krekeler, Aachen
Das Verbinden von Metallen durch Kunstharzkleber. Teil I: Eigenschaften und Verwendung der Metallklebstoffe *1956, 48 Seiten, 8 Abb., DM 10,25*

HEFT 246
Prof. Dr.-Ing. habil. K. Krekeler, Aachen
Das Verbinden von Metallen durch Kunstharzkleber. Teil II: Untersuchungen an geklebten Leichtmetall-Verbindungen *1956, 80 Seiten, 40 Abb., DM 17,50*

HEFT 247
Dr. H. Söhngen, Darmstadt
Strömung vor einem Überschall-Laufrad
1956, 26 Seiten, 4 Abb., DM 7,60

HEFT 248
Rheinische Aktiengesellschaft für Braunkohlenbergbau und Brikettfabrikation, Köln
Untersuchung der Bindemitteleigenschaften von Braunkohlenfilteraschen
1956, 176 Seiten, 26 Abb., 30 Tabellen, DM 35,60

HEFT 249
Dr. M.-E. Meffert, Essen
Weitere Kulturversuche Scenedesmus obliquus
1956, 36 Seiten, 5 Abb., 10 Tabellen, DM 8,—

HEFT 250
Dr. F. Schwarz und Dr.-Ing. K. Alberti, Köln
Entwicklung von Untersuchungsverfahren zur Gütebeurteilung von Industriekalken
1956, 36 Seiten, 9 Abb., DM 16,50

HEFT 251
Prof. Dr. H. Bittel, Münster
Zur Statistik der ferromagnetischen Elementarvorgänge und ihren Einfluß auf das Barkhausenrauschen
1956, 52 Seiten, 14 Abb., DM 11,65

HEFT 252
Dipl.-Ing. H. Frings, Geilenkirchen
Die Wirkung abfallender Wetterführung auf Wettertemperatur, Grubengasgehalt und Staubbildung
in Vorbereitung

HEFT 253
Dipl.-Ing. S. Schirmanski, Berghausen
Stand und Auswertung der Forschungsarbeiten über Temperatur- und Feuchtigkeitsgrenzen bei der bergmännischen Arbeit
in Vorbereitung

HEFT 254
Prof. Dr. R. Danneel, Bonn
Quantitative Untersuchungen über die Entwicklung des Ehrlich-Ascitestumors bei Inzuchtmäusen
1956, 52 Seiten, 17 Tabellen, DM 11,75

HEFT 255
Ing. B. v. Schlippe, Bad Nauheim
Strömung von Flüssigkeiten mit temperaturabhängiger Zähigkeit (Kühlung von Öfen)
1956, 54 Seiten, 12 Abb., 4 Tabellen, DM 11,70

HEFT 256
Prof. Dr. C. Schmieden und Dipl.-Math. K. H. Müller, Darmstadt
Die Strömung einer Quellstrecke im Halbraum — eine strenge Lösung der Navier-Stokes-Gleichungen
1956, 40 Seiten, 9 Abb., DM 8,80

HEFT 257
Prof. Dr. G. Lehmann und Dr. J. Tamm, Dortmund
Die Beeinflussung vegetativer Funktionen des Menschen durch Geräusche
1956, 48 Seiten, 25 Abb., 3 Tabellen, DM 11,20

HEFT 258
Dr. H. Paul, Linz (Rhein), und Prof. Dr. O. Graf, Dortmund
Zur Frage der Unfälle im Bergbau
1956, 52 Seiten, 9 Abb., 22 Tabellen, DM 11,20

HEFT 259
Prof. D. W. Linke, Aachen
Strömungsvorgänge in künstlich belüfteten Räumen
1956, 52 Seiten, 37 Abb., 1 Tabelle, DM 11,80

HEFT 260
Prof. Dr. W. Kast, Freiburg (Br.), Prof. Dr. A. H. Stuart und Dipl.-Phys. H. G. Fendler, Hannover
Lichtzerstreuungsmessungen an Lösungen hochpolymerer Stoffe
1956, 70 Seiten, 25 Abb., 5 Tabellen, DM 15,60

HEFT 261
Prof. Dr. W. Kast, Freiburg (Br.)
Feinstruktur-Untersuchungen an künstlichen Zellulosefasern verschiedener Herstellungsverfahren.
Teil II: Der Kristallisationszustand
1956, 80 Seiten, 27 Abb., 11 Tabellen, DM 17,20

HEFT 262
Dr.-Ing. W. Batel, Aachen
Untersuchungen zur Absiebung feuchter, feinkörniger Haufwerke und Schwingsieben
1956, 100 Seiten, 45 Abb., 5 Tabellen, DM 23,40

HEFT 263
Prof. Dr. H. Lange und Dipl.-Phys. R. Kohlhaas, Köln
Über die Wärmeleitfähigkeit von Stählen bei hohen Temperaturen: Teil I: Literaturbericht
1956, 48 Seiten, 26 Abb., 8 Tabellen, DM 10,70

HEFT 264
Prof. Or. W. Weizel, Bonn
Durch schnelle Funkenzusammenbrüche ausgelöste Signale auf einer Leitung
1956, 26 Seiten, 4 Abb., 3 Tabellen, DM 6,10

HEFT 265
Prof. Dr. F. Micheel und Dr. R. Engel, Münster
Eine Apparatur zur elektrophoretischen Trennung von Stoffgemischen
1956, 38 Seiten, 21 Abb., DM 9,20

HEFT 266
Fliesen-Beratungsstelle Bad Godesberg-Mehlem
Güteeigenschaften keramischer Wand- und Bodenfliesen und deren Prüfmethoden
1956, 32 Seiten, DM 7,10

HEFT 267
Prof. Dr. W. Weizel und B. Brandt, Bonn
Zur Stabilität stromstarker Glimmentladungen
1956, 36 Seiten, 7 Abb., DM 8,40

WESTDEUTSCHER VERLAG · KÖLN UND OPLADEN

HEFT 268
Prof. Dr.-Ing. G. Vogelpohl, Göttingen
Über die Tragfähigkeit von Gleitlagern und ihre Berechnung
1956, 76 Seiten, 24 Abb., 7 Tabellen, DM 16,85

HEFT 269
Markscheider R. Bals, Bochum
Eignung des Gebirgsankerausbaus zur Erleichterung des Streckenvortriebs im Steinkohlenbergbau
1956, 84 Seiten, 41 Abb., DM 18,75

HEFT 270
Dr. H. Krebs und Mitarbeiter, Bonn
Die Trennung von Racematen auf chromatographischem Wege
1956, 62 Seiten, 18 Tabellen, DM 12,95

HEFT 271
Prof. Dr.-Ing. H. Opitz und Dipl.-Ing. H. Axer, Aachen
Beeinflussung des Verschleißverhaltens bei spanenden Werkzeugen durch flüssige und gasförmige Kühlmittel und elektrische Maßnahmen
1956, 46 Seiten, 28 Abb., DM 10,70

HEFT 272
Prof. Dr. W. Fuchs und Dr. H. Dresia, Aachen
Untersuchungen über die Schnellverbrennung und Schnellvergasung fester Brennstoffe
1956, 56 Seiten, 14 Abb., 3 Tabellen, DM 11,90

HEFT 273
Fa. K. W. Tacke G.m.b.H., Wuppertal-Barmen
Erfahrungen beim Verspinnen von Perlonfasern und bei der Herstellung von Trikotagen aus gesponnenem Perlon
1956, 36 Seiten, DM 7,90

HEFT 274
Prof. Dr.-Ing. K. Krekeler, Aachen
Qualitative Untersuchungen bei Verbindungsschweißungen mittels Lichtbogenschweißautomaten unter Verwendung von Blankdraht und Zugabe von ferromagnetischem Pulver als Umhüllung
1956, 68 Seiten, 40 Abb., 8 Tabellen, DM 15,45

HEFT 275
Prof. Dr.-Ing. habil. K. Krekeler, Aachen, und Dipl.-Ing. H. Verhoeven, Aachen
Quantitative Untersuchungen von Punktschweißverbindungen an Tiefzieh- und Aluminiumblechen, die nach dem Argonarc-Punktschweißverfahren hergestellt werden
1956, 64 Seiten, 45 Abb., DM 14,60

HEFT 276
Fa. E. Haage, Mülheim (Ruhr)
Entwicklungsarbeiten im Apparatebau für Laboratorien
1956, 48 Seiten, 18 Abb., DM 10,50

HEFT 277
Dr.-Ing. W. Müchler, Essen
Untersuchung und zahlenmäßige Bestimmung der Schneideigenschaften von Messern und besonderer Berücksichtigung rostfreier Messerstähle
1956, 60 Seiten, 27 Abb., 5 Tabellen, DM 13,20

HEFT 278
Dipl.-Ing. J. Stelter und Dipl.-Ing. H. Kickert, Aachen
I. Sichtbarmachung von Ultraschallfeldern unter Verwendung photographischer Emulsionsschichten
II. Methode zur Bestimmung der wirklichen Temperaturverhältnisse in Flüssigkeiten während der Beschallung (Nach einer Diplom-Arbeit von H. Schnitzler)
1956, 54 Seiten, 24 Abb., DM 12,75

HEFT 279
Dr. F. Keune, Aachen
Der gewölbte und verwundene Tragflügel ohne Dicke in Schallnähe
1956, 42 Seiten, 15 Abb., DM 9,25

HEFT 280
Dipl.-Ing. J. Stelter und Dipl.-Ing. E. Pfende, Aachen
Über Störerscheinungen bei Schallgeschwindigkeitsmessungen mittels der Interferometermethode
1956, 42 Seiten, 13 Abb., DM 9,60

HEFT 281
Prof. Dr.-Ing. K. Lürenbaum, Aachen
Der Meßwagen des Instituts für Maschinen-Dynamik der Deutschen Versuchsanstalt für Luftfahrt, Aachen
1956, 34 Seiten, 17 Abb., DM 8,60

HEFT 282
Bergrat a. D. Scherer, Bochum
Das B. T.-Schwelverfahren und seine Anwendung auf der Anlage Marienau
1956, 44 Seiten, 7 Abb., DM 9,60

HEFT 283
Prof. Dr. F. Wever und Dr.-Ing. W. Lueg, Düsseldorf
Warmstauchversuche zur Ermittlung der Formänderungsfestigkeit von Gesenkschmiede-Stählen
1956, 44 Seiten, 19 Abb., DM 9,90

Heft 284
Prof. Dr. F. Wever, Düsseldorf, Dr.-Ing. H. J. Wiester, Essen, Dr.-Ing. F. W. Straßburg, Duisburg, Prof. Dr.-Ing. H. Opitz, Aachen, und Dr.-Ing. K. H. Fröhlich, Köln
Einfluß des Gefüges auf die Zerspanbarkeit von Einsatz- und Vergütungsstählen
in Vorbereitung

HEFT 285
Prof. Dr.-Ing. O. Kienzle, Dr.-Ing. K. Lange, Hannover, und Dipl.-Ing. H. Meinert, Osterode
Einfluß der Oberfläche auf das Verschleißverhalten von Schmiedegesenken
1956, 62 Seiten, 29 Abb., 8 Tabellen, DM 14,60

HEFT 286
Dr.-Ing. K. Lange, Hannover, Dipl.-Ing. H. Meinert, Osterode, unter Mitarbeit von Dr.-Ing. H. Arend, Mülheim (Ruhr)
Verschleißverhalten hartverchromter Schmiedegesenke
1956, 74 Seiten, 53 Abb., 6 Tabellen, DM 17,65

HEFT 287
Prof. Dr.-Ing. habil. K. Krekeler, Aachen
Änderungen der mechanischen Eigenschaftswerte thermoplastischer Kunststoffe bei Beanspruchung in verschiedenen Medien
1956, 62 Seiten, 23 Abb., 5 Tabellen, DM 13,70

HEFT 288
Dr. K. Brücker-Steinkuhl, Düsseldorf
Anwendung mathematisch-statischer Verfahren in der Industrie
1956, 103 Seiten, 27 Abb., 14 Tabellen, DM 24,20

HEFT 289
Prof. Dr.-Ing. H. Winterhager, Aachen
Kombinierter Widerstands- und Lichtbogen-Vakuumofen zur Verarbeitung von Titanschwamm
Prof. Dr. Dr. h. c. R. Schwarz, Aachen
Erforschung neuer Wege zur Darstellung von Titanmetall
in Vorbereitung

HEFT 290
Dr. D. Horstmann, Düsseldorf
I. Der verstärkte Angriff des Zinks auf Eisen im Temperaturgebiet um 500° C
II. Einfluß eines Antimongehaltes auf den Angriff von Zinkschmelzen auf Eisen
1956, 48 Seiten, 33 Abb., 3 Tabellen, DM 11,90

HEFT 291
Dr.-Ing. H. J. Wiester und Dr. D. Horstmann, Düsseldorf
Der Angriff eisengesättigter Zinkschmelzen auf silizium- und manganhaltiges Eisen
1956, 52 Seiten, 45 Abb., 8 Tabellen, DM 12,60

HEFT 292
Dipl.-Ing. W. Rohs und Text.-Ing. H. Griese, Bielefeld
Webversuche an Leinenwebstühlen mit verbesserter Schaftbewegung
1956, 34 Seiten, 3 Abb., 2 Tabellen, DM 7,60

HEFT 293
Prof. J. W. Korte, unter Mitarbeit von Dipl.-Ing. P. A. Mäcke und Dipl.-Ing. W. Leutzbach, Aachen
Die Leistungsfähigkeit von Verkehrsanlagen des motorisierten städtischen Straßenverkehrs
1956, 98 Seiten, 35 Abb., 5 Tabellen, 1 Falttafel, DM 22,50

HEFT 294
Dipl.-Ing. B. Naendorf, Essen
Untersuchungen industrieller Gasbrenner
1956, 58 Seiten, 6 Abb., 3 Tabellen, DM 12,40

HEFT 295
Prof. Dr.-Ing. H. Opitz und Dipl.-Ing. H. Axer, Aachen
Untersuchung und Weiterentwicklung neuartiger elektrischer Bearbeitungsverfahren
1956, 42 Seiten, 27 Abb., DM 10,30

HEFT 296
Prof. Dr.-Ing. H. Opitz, Aachen
I. Untersuchungen an elektronischen Regelantrieben
II. Statische Untersuchungen zur Ausnutzung von Drehbänken
1956, 46 Seiten, 18 Abb., DM 10,40

HEFT 297
Dr. K. Schaarwächter, Düsseldorf
Die Reduktion von Siliziumtetrachlorid im Lichtbogen zur nachfolgenden Silizierung von Eisenblechen
in Vorbereitung

HEFT 298
Prof. Dr.-Ing. E. Oehler, Aachen
Untersuchung von kritischen Drehzahlen, die durch Kreiselmomente verursacht werden
1956, 50 Seiten, 35 Abb., DM 13,15

HEFT 299
Dr. J. Fassbender und W. Hoppe, Bonn
Eine photoelektrische Nachlaufeinrichtung für Analogie-Rechenmaschinen
1956, 20 Seiten, 8 Abb., DM 7,65

HEFT 300
Prof. Dr. E. Schütz und Privatdozent Dr. H. Caspers, Münster
Tierexperimentelle Untersuchungen über die Alkoholwirkungen auf Erregbarkeit und bioelektrische Spontanaktivität der Hirnrinde
1956, 44 Seiten, 6 Abb., 1 Tabelle, DM 9,55

HEFT 301
Prof. Dr. W. Weltzien, Dr. G. Cossmann und P. Diehl, Krefeld
Über die fraktionierte Füllung von Polyamiden (II)
1956, 54 Seiten, 1 Abb., 16 Tabellen, DM 11,30

HEFT 302
Prof. Dr.-Ing. W. Wegener und Dipl.-Ing. Willi Zahn, Aachen
Untersuchungen von gesponnenen Garnen auf ihre Gleichmäßigkeit nach verschiedenen Meßmethoden
in Vorbereitung

HEFT 303
Prof. Dr. Ing. S. Kiesskalt, Aachen
Das Institut der Forschungsgesellschaft Verfahrenstechnik e. V. an der Technischen Hochschule Aachen
1956, 76 Seiten, 20 Abb., 3 Tabellen, DM 16,40

HEFT 304
Prof. Dr.-Ing. K. Krekeler, Düsseldorf, und Dipl.-Ing. A. Kleine-Albers, Aachen
Beitrag zur thermoelastischen Warmformbarkeit von Hart PVC
in Vorbereitung

HEFT 305
Prof. Dr.-Ing. K. Krekeler, Düsseldorf, Dr.-Ing. H. Peukert, Aachen, und Dipl.-Ing. W. Schmitz, Siegburg
Heißgas-Schweißung von Hart-Polyvinylchlorid mit Zusatzwerkstoff
1956, 44 Seiten, 27 Abb., 5 Tabellen, DM 12,50

HEFT 306
Prof. Dr. B. Rensch, Münster
Elektrophysiologische Untersuchungen zur Analysierung der Bildung von Assoziationen und Gedächtnisspuren in Gehirn und Rückenmark
Prof. Dr. A. Loeser, Münster
Akute und chronische Giftwirkungen sauerstoffhaltiger Lösungsmittel
1956, 36 Seiten, 9 Abb., DM 8,90

HEFT 307
Privatdozent Dr. J. Juilfs, Krefeld
Vergleichende Untersuchungen zur elastischen und bleibenden Dehnung von Fasern
1956, 36 Seiten, 11 Abb., DM 8,30

HEFT 308
Privatdozent Dr. J. Juilfs, Krefeld
Zur Messung der Fadenglätte
1956, 22 Seiten, 10 Abb., 2 Tabellen, DM 8,—

HEFT 309
Prof. Dr. K. Cruse und Mitarbeiter, Clausthal-Zellerfeld
Aufbau und Arbeitsweise eines universell verwendbaren Hochfrequenz-Titrationsgerätes
1957, 48 Seiten, 29 Abb., DM 11,90

HEFT 310
Dr. P. F. Müller, Bonn
Die Integrieranlage des Rheinisch-Westfälischen Instituts für Instrumentelle Mathematik in Bonn
1956, 62 Seiten, 6 Abb., 30 Satzskizzen, DM 14,45

HEFT 311
Prof. Dr. F. Wever und Dr. M. Hempel, Düsseldorf
Dauerschwingfestigkeit von Stählen bei erhöhten Temperaturen
Teil I: Erkenntnisse aus bisherigen Dauerschwingversuchen in der Wärme
1956, 48 Seiten, 19 Abb., 2 Tabellen, DM 10,90

HEFT 312
Prof. Dr. F. Wever und Dr. M. Hempel, Düsseldorf
Dauerschwingfestigkeit von Stählen bei erhöhten Temperaturen
Teil II: Zug-Druck-Dauerschwingversuche an zwei warmfesten Stählen bei Temperaturen von 500 bis 650°
1956, 48 Seiten, 20 Abb., 3 Tabellen, DM 11,80

HEFT 313

Prof. Dr. F. Wever, Dr. W. Koch und Dipl.-Phys. H. Rohde, Düsseldorf

Änderungen des Babitus und der Gitterkonstanten des Zementits in Chromstählen bei verschiedenen Wärmebehandlungen

1956, 88 Seiten, 29 Abb., 8 Tabellen, DM 20,90

HEFT 314

Prof. Dr. F. Wever und Dr.-Ing. A. Krisch, Düsseldorf, und Dr.-Ing. H.-J. Wiester, Essen

Veränderungen im Gefügeaufbau von Chrom-Nickel-Molybdän-Stählen bei langzeitiger Beanspruchung im Zeitstandversuch bei 500°

1956, 48 Seiten, 26 Abb., 5 Tabellen, DM 11,70

HEFT 315

Prof. Dr. F. Wever und Dr.-Ing. A. Krisch, Düsseldorf

Metallkundliche Untersuchungen an Zeitstandproben

1956, 38 Seiten, 12 Abb., DM 9,15

HEFT 316

Dr. F. Keune, Aachen

Zusammenfassende Darstellung und Erweiterung des Aequivalenzsatzes für schallnahe Strömung

1956, 80 Seiten, 22 Abb., DM 17,90

HEFT 317

Dr.-Ing. J. Stelter, Aachen

Mikrobiologische Ultraschallwirkungen

in Vorbereitung

HEFT 318

Dipl.-Ing. H. Kickert, Aachen

Über die Ausbreitung von Ultraschall in Luft

in Vorbereitung

HEFT 319

Prof. Dr. C. Kröger, Aachen

Gemengereaktionen und Glasschmelze

in Vorbereitung

HEFT 320

Dr. H.-E. Caspary, Köln

Verwendung von Szintillationszählern anstelle von Zählrohren zur zerstörungsfreien Materialprüfung

1956, 42 Seiten, 13 Abb., 2 Tabellen, DM 10,10

HEFT 321

Prof. Dr. F. Wever, Düsseldorf, und Dr. W. Wepner, Köln

Gleichzeitige Bestimmung kleiner Kohlenstoff- und Stickstoffgehalte im α-Eisen durch Dämpfungsmessung

1956, 30 Seiten, 3 Abb., 4 Tabellen, DM 6,80

HEFT 322

Prof. Dr.-Ing. F. Bollenrath und Dipl.-Ing. W. Domke, Aachen

Eigenspannungen in vergüteten, dickwandigen Stahlzylindern nach Oberflächenhärtung mit induktiver Erwärmung

1956, 30 Seiten, 9 Abb., 2 Tabellen, DM 6,90

HEFT 323

Prof. Dr. R. Seyffert, Köln

Wege und Kosten der Distribution der Textilien, Schuh- und Lederwaren

1956, 98 Seiten, 37 Tabellen, 1 Falttaf., DM 12,—

HEFT 324

Prof. Dr.-Ing. H. Cpitz, Dr.-Ing. E. Saljé und Dipl.-Ing. K. E. Schwartz, Aachen

Richtwerte für das Außenrund-Längs- und Einstechschleifen

1956, 62 Seiten, 44 Abb., 2 Tabellen, DM 13,85

HEFT 325

Prof. Dr. E. Schratz, Münster

Pharmakognostische Untersuchungen am Medizinal-Rhabarber

in Vorbereitung

HEFT 326

Prof. Dr.-Ing. E. Essers und Mitarbeiter, Aachen

Deichselkräfte an Lastzügen

in Vorbereitung

HEFT 327

Prof. Dr.-Ing. habil. K. Krekeler und Dr.-Ing. H. Peukert, Aachen

Beitrag zur thermoelastischen Formbarkeit von Polyäthylen

1956, 56 Seiten, 49 Abb, 9 Tabellen, DM 12,80

HEFT 328

Dr. H. Maeder, Belo Horizonte

Schweißen von Temperguß

in Vorbereitung

HEFT 329

Dipl.-Ing. A. Krüger, Karlsruhe, und Feuerwehr-Ing. R. Radusch, Dortmund

Wasserzerstäubung im Strahlrohr

1956, 86 Seiten, 21 Abb., 3 Tabellen, DM 18,65

HEFT 330

Dipl.-Physiker E. Pepping, Aachen

Die Durchflußzahl des Rechteckschlitzes in einer sehr großen Wand

in Vorbereitung

HEFT 331

Dipl.-Ing. G. Bretschneider, Ruit

Die Messung der wiederkehrenden Spannung mit Hilfe des Netzmodelles

in Vorbereitung

HEFT 332

Prof. Dr.-Ing. R. Jaeckel und Dr. G. Reich, Bonn

Messung von Dampfdrucken im Gebiet unter 10^{-2} Torr

1956, 42 Seiten, 16 Abb., 2 Tabellen, DM 10,40

HEFT 333

Prof. Dipl.-Ing. W. Sturtzel und Dr.-Ing. W. Graff, Duisburg

I. Der Flachwassereinfluß auf den Form- und Reibungswiderstand von Binnenschiffen

II. Der Flachwassereinfluß auf die Nachstrom- und Sogverhältnisse bei Binnenschiffen

1956, 44 Seiten, 14 Abb., DM 9,80

HEFT 334

Prof. Dr. W. Weizel und Dr. G. Meister, Bonn

Spektralanalyse durch Messung des Interferenz-Kontrastes

1956, 42 Seiten, DM 9,80

HEFT 335

Prof. Dr. W. Weizel und H. Hornberg, Bonn

Untersuchungen der anodischen Teile einer Glimmentladung

in Vorbereitung

HEFT 336

Dr. Tung-ping Yao, Aachen

Die Viskosität metallischer Schmelzen

in Vorbereitung

HEFT 337

Dr. R. Hoeppener und Dr. W. Biertber, Bonn

Tektonik und Lagestätten im Rheinischen Schiefergebirge

in Vorbereitung

HEFT 338

Prof. Dr.-Ing. W. Wegener, Aachen, und Dipl.-Ing. J. Schneider, M.-Gladbach

Die Bedeutung der Knotenart für die Herabminderung der Fadenbrüche

1957, 40 Seiten, 6 Abb., DM 9,80

HEFT 339

Prof. Dr.-Ing. W. Wegener und Dipl.-Ing. W. Zahn, Aachen

Vergleich des normalen mit verschiedenen abgekürzten Baumwollspinnverfahren in bezug auf Gleichmäßigkeit und Sortierungsstreuung der Garne

1956, 56 Seiten, 17 Abb., 17 Tabellen, DM 12,70

HEFT 340

Dipl.-Ing. W. Rohs und Dipl.-Ing: R. Otto, Bielefeld

Das Naßspinnen von Bastfasergarnen mit Spinnbadzusätzen unter Ausnutzung einer zentralen Spinnwasserversorgungsanlage

1956, 56 Seiten, 2 Abb., 6 Tabellen, DM 11,60

HEFT 341

Prof. Dr.-Ing. H. Winterhager und Dipl.-Ing. L. Werner, Aachen

Präzisions-Meßverfahren zur Bestimmung des elektrischen Leitvermögens geschmolzener Salze

1956, 44 Seiten, 19 Abb., 1 Tabelle, DM 10,60

HEFT 342

Prof. Dr.-Ing. H. Winterhager und Dipl.-Ing. W. Barthel, Aachen

Die Gewinnung von Titanschlackenkonzentraten aus eisenreichen Ilemniten

in Vorbereitung

HEFT 343

Prof. Dr.-Ing. W. Petersen, Aachen, und Dipl.-Ing. S. Wawroschek, Aachen

Die zweckmäßigsten Gütebestimmungsverfahren und Brikettierungsbedingungen bei der Erzeugung von Braunkohlen-Eisenerz-Briketts

1956, 64 Seiten, 28 Abb., DM 13,95

HEFT 344

Prof. Dr.-Ing. W. Fucks, Aachen

Zur Deutung einfachster mathematischer Sprachcharakteristiken

1956, 38 Seiten, 12 Abb., DM 7,80

HEFT 345

Dipl.-Ing. G. Cerbe und Dipl.-Ing. H. Monstadt, Essen

Konvektive Trocknung mit gasbeheizter Luft und Trocknung durch Gasstrahler

in Vorbereitung

HEFT 346

Dipl.-Ing. O. Arnold, Aachen

Erfahrungen mit Kernbohrungen zur Lagerstättenuntersuchung im Erzbergbau

in Vorbereitung

HEFT 347

S. Ruff, F. Kipp, H. Hansteen und G. Müller, Bonn

Untersuchungen zur Frage der Gehörschädigungen des fliegenden Personals der Propellerflugzeuge

in Vorbereitung

HEFT 348

Prof. Dr.-Ing. E. Piwowarsky und Dr.-Ing. E. G. Nickel, Aachen

Metallurgie eines hochwertigen Gußeisens mit kompakter bis kugelförmiger Graphitausbildung

in Vorbereitung

HEFT 349

Dr.-Ing. W. A. Fischer, Dr.-Ing. H. Treppschuh und Dr.-Ing. K. H. Köthemann, Düsseldorf

Tiegel aus Schmelzmagnesia für Vakuuminduktionsöfen

in Vorbereitung

HEFT 350

Prof. Dr.-Ing. habil. K. Krekeler und Dr.-Ing. H. Peukert, Aachen

Das Spannungsverhalten der Kunststoffe bei der Verarbeitung

in Vorbereitung

HEFT 351

Prof. Dr.-Ing. H. Opitz, Dipl.-Ing. H. Axer und Dipl.-Ing. H. Rhode, Aachen

Zerspanbarkeit hochwarmfester und nichtrostender Stähle. Teil I

in Vorbereitung

HEFT 352

Dipl.-Ing. H. Fauser, Aachen

Fahrdynamik und Batterie-Arbeitsverbrauch von Akkumulatorenlokomotiven im Untertagebetrieb

in Vorbereitung

HEFT 353

Forschungsinstitut für Rationalisierung, Aachen

Schlagwortregister zur Rationalisierung

in Vorbereitung

HEFT 354

Dipl.-Ing. D. Wagener, Aachen

Auswirkungen neuer Gaserzeugungs-Verfahren unter Berücksichtigung der Auswirkung auf den Kokereibetrieb

in Vorbereitung

HEFT 355

Prof. Dr.-Ing. habil. K. Krekeler, Dr.-Ing. H. Peukert und Dipl.-Ing. A. Kleine-Albers, Aachen

Heißgas-Schweißungen von Weich-Polyvinylchlorid mit Zusatzwerkstoff

in Vorbereitung

HEFT 356

Dipl.-Phys. G. Gurke, Aachen

Aufbau einer Meßanlage für Untersuchungen elektrischer Gasentladung im Bereiche großer p. d.-Werte

1956, 38 Seiten, 13 Abb., DM 8,65

HEFT 357

Prof. Dr.-Ing. W. Fucks, Aachen

Mathematische Analyse der Formalstruktur von Musik

in Vorbereitung

HEFT 358

Prof. Dr. rer. nat. W. Weltzien, Dipl.-Chem. P. Ringel und Text.-Ing. H. Kirchhoff, Krefeld

Die Waschechtheit von Färbungen. Vergleichende Untersuchungen auf dem Gebiete der Echtheitsprüfung

in Vorbereitung

HEFT 359

Dr.-Ing. F. J. Meister, Düsseldorf

Veränderung der Hörschärfe, Lautheitsempfindung und Sprachaufnahme während des Arbeitsprozesses bei Lärmarbeitern

in Vorbereitung

HEFT 360

Dr.-Ing. E. Barz, Remscheid

Fertigungsverfahren und Spannungsverlauf bei Kreissägeblättern für Holz

in Vorbereitung

HEFT 361

Dipl.-Ing. H. F. Klein, Aachen

Die nichtstationären Strömungsvorgänge und der Wärmeübergang in einem Schwingfeuergerät

in Vorbereitung

HEFT 362

Prof. Dr. med. G. Lehmann und Dipl.-Phys. D. Dieckmann, Dortmund

Die Wirkung mechanischer Schwingungen (0,5 bis 100 Hertz) auf den Menschen

in Vorbereitung

WESTDEUTSCHER VERLAG · KÖLN UND OPLADEN

HEFT 363
Dr.-Ing. U. Domm, Frankenthal (Pfalz)
Über eine Hypothese, die den Mechanismus der Turbulenz-Entstehung betrifft
28 Seiten, 4 Abb., DM 6,45

HEFT 364
Prof. Dr. Th. Beste, Köln
Die Mehrkosten bei der Herstellung ungängiger Erzeugnisse im Vergleich zur Herstellung vereinheitlichter Erzeugnisse
in Vorbereitung

HEFT 365
Sozialforschungsstelle an der Universität Münster, Dortmund
Standort und Wohnort
in Vorbereitung

HEFT 366
Versuchsanstalt für Binnenschiffbau e. V., Duisburg
Bei Flachwasserfahrten durch die Strömungsverteilung am Boden und an den Seiten stattfindende Beeinflussung des Reibungswiderstandes von Schiffen
in Vorbereitung

HEFT 367
Dr. rer. nat. D. Horstmann, Düsseldorf
Der Angriff eisengesättigter Zinkschmelzen auf kohlenstoff-, schwefel- und phosphorhaltiges Eisen
in Vorbereitung

HEFT 368
Prof. Dr. phil. H. Kaiser, Dortmund
Entwicklung betriebsmäßiger spektrochemischer Analysenverfahren für technische Gläser
in Vorbereitung

HEFT 369
Prof. Dr.-Ing. R. Jaeckel und Dipl.-Phys. F. J. Schittko, Bonn
Gasabgabe von Werkstoffen ins Vakuum
in Vorbereitung

HEFT 370
Dr. phil. habil. F. Schwarz, Köln
Physikochemische Grundlagen der Bildsamkeit von Kalken unter Einbeziehung des Begriffes der aktiven Oberfläche
in Vorbereitung

HEFT 371
Dr. phil. W. Lejeune, Köln
Beitrag zur statistischen Verifikation der Minderheiten-Theorie
in Vorbereitung

HEFT 372
Prof. Dr. phil. M. von Stackelberg, Bonn
Untersuchungen zur Ausarbeitung und Verbesserung von polarographischen Analysenmethoden. 2. Bericht
in Vorbereitung

HEFT 373
Dipl.-Ing. H. J. Koch, Essen
Druckgasfeuerung — ein Verfahren zum Betrieb von Gasfeuerstätten
in Vorbereitung

HEFT 374
Dr. E. Paproth, Krefeld
Paläontologische Bearbeitung der in den devonischen Schichten des Siegerlandes enthaltenen Faunen
in Vorbereitung

HEFT 375
Technischer Überwachungsverein e. V., Essen
Wanddickenmessungen mittels radioaktiver Strahlen und Zählrohrgerät
in Vorbereitung

HEFT 376
Technischer Überwachungsverein e. V., Essen
Wasserumlaufprobleme an Hochdruckkesseln
in Vorbereitung

HEFT 377
Technischer Überwachungsverein e. V., Essen
Versuche an Wanderrostkesseln mit befeuchteter Verbrennungsluft
in Vorbereitung

HEFT 378
Oberingenieur H. Stein, M.-Gladbach
Beobachtung und maßtechnische Erfassung der Vorgänge im Spinn- und Aufwindefeld von Ringspinn- und Ringzwirnmaschinen
in Vorbereitung

HEFT 379
Laboratorium für textile Meßtechnik, M.-Gladbach
Schußfadenspannung beim Weben
in Vorbereitung

HEFT 380
Dipl.-Phys. R. Trappenberg, Karlsruhe
Theoretische und experimentelle Untersuchungen zur Staubverteilung einer Rauchfahne
in Vorbereitung

HEFT 381
Dr. J. Juils, Krefeld
Zur Dichtebestimmung von Fasern. Methoden und Beispiele der praktischen Anwendung
in Vorbereitung

HEFT 382
Dr. phil. habil. P. Hölemann, Ing. R. Hasselmann und Ing. G. Dix, Dortmund
Die Messung von Flammen und Detonationsgeschwindigkeiten bei der explosiven Zersetzung von Acetylen in Rohren
in Vorbereitung

HEFT 383
Dr. phil. habil. P. Hölemann und Ing. R. Hasselmann, Dortmund
Verlauf von Azetylenexplosionen in Rohren bei Gegenwart von porösen Massen
in Vorbereitung

HEFT 384
Prof. Dr.-Ing. H. Opitz, Aachen
Schwingungsuntersuchungen an Werkzeugmaschinen
in Vorbereitung

HEFT 385
Prof. Dr.-Ing. H. Opitz, Aachen
Zerspanbarkeit hochwarmfester und nichtrostender Stähle. Teil II
in Vorbereitung

HEFT 386
Prof. Dr.-Ing. H. Opitz, Aachen
Standzeituntersuchungen und Verschleißmessungen mit radioaktiven Isotopen
in Vorbereitung

HEFT 387
Prof. Dr. med. W. Kikuth und Dozent Dr. med. L. Grün, Düsseldorf
Die Verhütung von Infektion durch Desinfektion des Raumes und der Raumluft
in Vorbereitung

HEFT 388
Prof. Dr. rer. nat. habil. W. Baumeister und Dr. rer. nat. H. Burghardt, Münster
Die Bedeutung der Elemente Zink und Fluor für das Pflanzenwachstum
in Vorbereitung

HEFT 389
Prof. Dr.-Ing. habil. H. Fink und K. W. Hoppenhaus, Köln
Die biologische Eiweiß-Synthese von höheren und niederen Pilzen und die alimentäre Lebernekrose der Ratte
in Vorbereitung

HEFT 390
Dr.-Ing. J. Endres und Dr.-Ing. G. Hiebel, München
Berechnung der optimalen Leistungen, Kraftstoffverbräuche und Wirkungsgrade von Luftfahrt-Gasturbinen-Triebwerken am Boden und in der Höhe bei Fluggeschwindigkeiten von 0—2000 km/h und bei vorgegebenen Düsenausströmgeschwindigkeiten
in Vorbereitung

HEFT 391
Prof. Dr. phil. F. Wever, Dr. phil. W. Koch und Dipl.-Chem. F. Stricker, Düsseldorf
Die quantitative spektrographische Analyse von Gasgemischen aus Kohlenmonoxyd, Wasserstoff und Stickstoff
in Vorbereitung

HEFT 392
Prof. Dr. phil. F. Wever u. a., Düsseldorf
Untersuchungen über den Konverterrauch im Hinblick auf die spektrale Überwachung des Thomasprozesses
in Vorbereitung

HEFT 393
Dr.-Ing. O. Viertel und S. Brückner-Lucas, Krefeld
Arbeitszeitstudien an Haushaltwaschmaschinen
in Vorbereitung

HEFT 394
Privatdozent Dr. med. W. Koch, Münster
Die Ablagerung radioaktiver Substanzen im Knochen
in Vorbereitung

HEFT 395
Dipl.-Ing. L. Hahn, Clausthal-Zellerfeld
Untersuchungen zur Frage des optimalen Bohrloch- und Patronendurchmessers
in Vorbereitung

HEFT 396
Prof. Dr.-Ing. F. Schultz-Grunow, Dr.-Ing. A. Jogerich, Essen, Dipl.-Ing. H. Meyer, cand. ing. P. Sand, Aachen
Untersuchungen des Luftwiderstandes von Güterwagen
in Vorbereitung

HEFT 397
Techn.-Wissenschaftliches Büro für die Bastfaserindustrie, Bielefeld
Ungleichmäßigkeiten in Bändern von Bastfaserkarden, ihre Ursachen und Auswirkungen
in Vorbereitung

HEFT 398
Prof. Dr. habil. H. E. Schwiete, Aachen, u. a.
Einlagerungsversuche an synthetischem Mullit I. — Die Zusammensetzung der Schmelzphase in Schamottesteinen I
in Vorbereitung

HEFT 399
Prof. Dr. habil. H. E. Schwiete und Dr.-Ing. R. Vinkeloe, Aachen
Möglichkeiten der quantitativen Mineralanalyse mit dem Zählrohrgerät unter besonderer Berücksichtigung der Mineralgehaltsbestimmung von Tonen
in Vorbereitung

HEFT 400
Prof. Dr. phil. W. Fuchs und Dipl.-Chem. H. Weyerstrass, Aachen
Entwicklung eines Heißfilters zur Reinigung von Gichtgas eines mit Kohle betriebenen Niederschachtofens
in Vorbereitung

HEFT 401
Prof. Dr.-Ing. M. Lipp und Dipl.-Chem. G. Frielingsdorf, Aachen
Darstellung reaktionsfähiger Verbindungen des Camphansystems und Versuche zu deren Fluorierung
in Vorbereitung

HEFT 402
Prof. Dr. W. Linke, Aachen
Die Wärmeübertragung durch Thermopane-Fenster
in Vorbereitung

HEFT 403
Prof. Dr.-Ing. P. Denzel und Dipl.-Ing. W. Cremer Aachen
Verbesserung der Benutzungsdauer der Höchstlast in ländlichen Netzen durch Anwendung elektrischer Geräte in der Landwirtschaft
in Vorbereitung

HEFT 404
Prof. Dr. R. Jaeckel und Dipl.-Phys. F. Gross, Bonn
Die Löslichkeit von Gasen in schwerflüchtigen organischen Flüssigkeiten
in Vorbereitung

HEFT 405
Prof. Dr.-Ing. H. Opitz und Dipl.-Ing. H. Schuler, Aachen
Untersuchungen für einen Wirtschaftlichkeitsvergleich der Feinbearbeitungsverfahren
in Vorbereitung

HEFT 406
W. Kirsch, Remscheid
Entwicklungsarbeiten auf dem Gebiete des Korrosionsschutzes
in Vorbereitung

HEFT 407
Prof. Dr.-Ing. H. Schenk, Aachen und Dr.-Ing. W. Wenzel, Bad Godesberg
Entwicklungsarbeiten auf dem Gebiete der Verhüttung von Erzstaub in Schmelzkammern
in Vorbereitung

HEFT 408
Prof. Dr. phil. F. Wever, Dr.-Ing. W. Lueg und Dr.-Ing. H. G. Müller, Düsseldorf
Kraft- und Arbeitsbedarf beim Warmscheren von Stahl in Abhängigkeit von Temperatur und Schnittgeschwindigkeit
in Vorbereitung

WESTDEUTSCHER VERLAG · KÖLN UND OPLADEN

HEFT 409

Prof. Dr. phil. F. Wever, Dr. phil. W. Koch, Dr. rer. nat. Ch. Ilschner-Gensch und Dipl.-Phys. H. Rohde, Düsseldorf

Das Auftreten eines kubischen Nitrids in aluminiumlegierten Stählen

in Vorbereitung

HEFT 410

Prof. Dr. phil. F. Wever, Prof. Dr. rer. techn. A. Kochendörfer, Dr. phil. nat. M. Hempel, Düsseldorf und Dipl.-Phys. E. Hillenhagen, Köln

Biegewechselversuche mit Flachproben aus Alpha-Eisen-Einkristallen zur Bestimmung der Wechselfestigkeit und der Gleitspuren

in Vorbereitung

HEFT 411

Prof. Dr. W. Halbsguth und Dr. L. Sommer, Franfurt/M.

Grundlegende Versuche zur Keimungsphysiologie von Pilzsporen

in Vorbereitung

HEFT 412

Prof. Dr.-Ing. H. Opitz, Aachen

Kennwerte und Leistungsbedarf für Werkzeugmaschinengetriebe

in Vorbereitung

HEFT 413

Prof. Dr.-Ing. H. Opitz, Aachen

Richtwerte für das Fräsen von unlegierten und legierten Baustählen mit Hartmetall, Teil II

in Vorbereitung

HEFT 414

Dr. med. H. K. Parchwitz und Dr. med. C. Winkler, Bonn

Speicherung organischer Farbstoffe und künstlich radioaktiver Substanzen in Geschwülsten

in Vorbereitung

HEFT 415

Prof. Dr.-Ing. W. Paul, Dr. rer. nat. O. Osberghaus und Dipl.-Phys. E. Fischer, Bonn

Ein Ionenkäfig

in Vorbereitung

HEFT 416

Oberreg.-Gewerberat Dipl.-Ing. G. Steinicke, Hamburg

Die Wirkung von Lärm auf den Schlaf des Menschen

in Vorbereitung

HEFT 417

Prof. Dr.-Ing. habil. E. Rößger, Berlin

I. Teil: Die Entwicklung des Weltluftverkehrs, Ergänzungsbericht 1954

II. Teil: Die zivile Luftfahrtpolitik der USA

in Vorbereitung

HEFT 418

O. Gdaniec, Mülheim/Ruhr

Über die Randlochkarte als Hilfsmittel in der Dokumentation

in Vorbereitung

HEFT 419

K. Brooks

Die Messungen der Reflexionseigenschaften künstlicher und natürlicher Materialien mit quasi-optischen Methoden bei Mikrowellen

in Vorbereitung

HEFT 420

M. Vogel

Das Spektralgebiet zwischen dem langwelligen Ultrarot und Mikrowellen

in Vorbereitung

HEFT 421

ORR Dipl.-Volkswirt Dr. H. Rogmann, Düsseldorf

Die Erforschung der Verkehrskonjunktur und der langzeitigen Dynamik in der Verkehrswirtschaft (Zusammenfassung der eingegangenen Stellungnahmen und Vorschläge)

in Vorbereitung

WESTDEUTSCHER VERLAG · KÖLN UND OPLADEN

MIX
Papier aus verantwortungsvollen Quellen
Paper from responsible sources
FSC® C105338

If you have any concerns about our products,
you can contact us on
ProductSafety@springernature.com

In case Publisher is established outside the EU,
the EU authorized representative is:
Springer Nature Customer Service Center GmbH
Europaplatz 3, 69115 Heidelberg, Germany

Printed by Libri Plureos GmbH
in Hamburg, Germany